原子力
損害賠償法改正の動向と課題

Compensation for Nuclear Damage

桐蔭横浜大学法科大学院
原子力損害と
公共政策研究センター

編集

大成出版社

はしがき

　東日本大震災を契機として発生した福島第一原子力発電所及び第二原子力発電所の事故により、甚大で広範な被害が発生した。一刻も早い被害の回復を心よりお祈り申し上げる。

　この福島原発事故を契機として、現在、原子力委員会の専門部会において、原子力損害の賠償に関する法律の改正作業が進行している。そこで、本書は、福島原発事故を踏まえて、新たな時代における原子力損害賠償制度の在り方について、公共政策との関係も視野に入れて検討したものである。

　第1部は、2016年6月4日に桐蔭横浜大学法科大学院東京キャンパスにおいて開催された「第2回原子力損害賠償シンポジウム―原子力損害賠償法の改正動向と課題」における講演録に基づく。

　第1章では、髙橋滋教授（法政大学法学部教授）による、原子力損害賠償法の改正動向についての講演録を収録した。

　第2章では、丸島俊介弁護士（原子力損害賠償・廃炉等支援機構理事）による、東京電力の賠償支払の実態とADR和解実務上の課題についての講演録を収録した。

　第3章では、野村豊弘教授（学習院大学名誉教授・日本エネルギー法研究所理事長）による、原子力損害賠償制度の海外動向についての講演を収録した。

　第4章では、中島肇弁護士（原子力損害と公共政策研究センター長・桐蔭横浜大学法科大学院教授）の司会で、野村豊弘先生、髙橋滋先生、丸島俊介弁護士の原子力損害賠償法改正の課題についてのパネルディスカッションを収録した。

　第5章では、野村豊弘先生のシンポジウム全体の講評を収録した。

本書第2部は、公共政策との関係も視野に入れた、原子力損害賠償についての論説をまとめたものである。
　第1章では、奈須野太氏による、福島事故とパリ協定の原子力損害賠償制度への影響についての論説を収録した。
　第2章、第3章は、豊永晋輔氏（弁護士）による、事故抑止の観点からの原子力損害賠償法の目的についての論説、及び、原子力損害賠償法における無過失責任に関する、法と経済学からの分析を収録した。

　本書執筆にあたり、大成出版社の山本真氏に、多大なご尽力をいただいた。記して厚く御礼申し上げる。

　2017年3月
　　桐蔭横浜大学法科大学院　原子力損害と公共政策研究センター

目　次

はしがき

第1部
原子力損害賠償シンポジウム
第2回 原子力損害賠償法の改正の動向と課題

第1章
原子力損害賠償法の改正動向

法政大学法学部教授
髙橋　滋

1. 原子力委員会原子力損害賠償制度専門部会の検討状況 *4*　　2. これまでに出された検討の課題の整理 *8*　　3. 見直しの方向性・論点の整理 *9*　　4. 原子力損害賠償に係る制度の在り方 *12*　　5. 残された検討課題 *15*　　6. 私見 *15*
質疑応答 *20*
レジュメ *22*
参考資料1 *24*　　参考資料2 *26*　　参考資料3 *28*　　参考資料4 *29*　　参考資料5 *31*　　参考資料6 *33*　　参考資料7 *37*

第2章

東電による賠償支払の実態と
ADR和解実務上の課題

原子力損害賠償・廃炉等支援機構理事
弁護士
丸島俊介

1. 賠償金支払状況 *54*　　2. 賠償金の請求状況 *59*　　3. 支援機構の相談事業の概要 *60*
参考資料 *65*

第3章

原子力損害賠償制度の海外動向

学習院大学名誉教授
日本エネルギー法研究所理事長
野村豊弘

1. はじめに *76*　　2. 原子力損害賠償制度に関する国際的な仕組み *76*　　3. 日本の原子力損害賠償制度に関する諸外国の関心と評価 *83*　　4. 国際的な場における原子力損害賠償制度に関する議論の動向 *85*　　5. おわりに *88*
質疑応答 *89*
レジュメ *92*

第4章

パネルディスカッション

原子力損害賠償法改正の課題

パネリスト：野村豊弘
　　　　　　髙橋　滋
　　　　　　丸島俊介

（司会）
原子力損害と公共政策研究センター長
桐蔭横浜大学法科大学院教授
弁護士

中島　肇

1．被害者の救済制度と指針 *98*　　2．損害賠償項目の国際比較 *100*　　3．ADRと弁護士代理・クラス・アクション *103*　　4．避難に伴う精神的損害と生活費 *104*
5．指針の機能 *104*　　6．国際条約（管轄の集中等）*105*　　7．除染費用等 *107*
8．インドのCSC加入 *107*

第5章

全体講評

学習院大学名誉教授
日本エネルギー法研究所理事長

野村豊弘

110

第2部
論説

第1章

福島事故とパリ協定の原子力損害賠償制度への影響

桐蔭横浜大学法科大学院客員教授
奈須野　太

1．はじめに *116*　　2．パリ協定 *116*　　3．責任集中原則と無限責任 *118*　　4．仮想の追加的損害賠償措置 *120*　　5．福島事故の教訓 *122*　　6．賠償制度の効率性比較 *125*　　7．電気事業と原子力産業の将来 *127*

第2章

原子力損害賠償法の目的序論
――「原子力事業の健全な発達」の意義と事故抑止

桐蔭横浜大学法科大学院客員教授
弁護士
豊永晋輔

はじめに *130*
Ⅰ．原子力損害賠償法の目的 *131*
　　1．目的規定の重要性 *131*　　2．原賠法の目的 *131*
Ⅱ．安全確保（事故の抑止）の手段としての原子力損害賠償 *135*
　　1．安全確保（事故の抑止）の手段：損害賠償の必要性 *135*
　　2．「原子力事業の健全な発達」の意義・解釈 *137*
　　3．「予測可能性の確保」の真意――原子力事業者のリスク回避 *138*
Ⅲ．不法行為法の目的との関係 *140*

第3章

原子力損害賠償における無過失責任の必然性
—原子力損害賠償の経済分析

桐蔭横浜大学法科大学院客員教授
弁護士
豊永晋輔

はじめに *144*

Ⅰ．伝統的な法解釈 *146*
　　1．日本の法解釈 *146*　　2．米国 *148*　　3．矯正的正義 *149*

Ⅱ．事故法の経済分析（無過失責任 対 過失責任）*149*
　　1．事故の注意水準 *151*　　2．事故の活動水準 *153*　　3．当事者のリスク回避と保険制度の影響 *154*　　4．運営費用 *157*

Ⅲ．原子力損害賠償の経済分析 *157*
　　1．原子力事故の性質決定 *158*　　2．注意水準 *161*　　3．活動水準 *162*
　　4．リスク回避と保険の観点 *163*　　5．原子力損害賠償における運営費用 *165*　　6．小括 *166*

Ⅳ．結論と今後の課題 *166*

第1部

原子力損害賠償シンポジウム

第2回
原子力損害賠償法の改正の動向と課題

第1章

原子力損害賠償法の改正動向

法政大学法学部教授
髙橋　滋

ご指名でございますので、「原子力損害賠償法の改正動向」のテーマにつき、冒頭、ご紹介をさせていただきたいと思っております。

お手元に資料が配布されておりますが、私の報告に関連しては、レジュメと参考資料の1から7まで、ということでご用意させていただいております。これに基づいてお話をさせていただければと思っています。よろしくお願いします。

1. 原子力委員会原子力損害賠償制度　　専門部会の検討状況

(1) 検討の背景

まず、私がなぜご指名いただいたかと考えますに、政府で、現在原子力損害賠償法の見直しのために、原子力委員会に専門部会が設けられておりまして、この部会の議論に最初から参加させていただいている関係であると思われます。そこで、その立場からまずこの部会の検討について私なりのご紹介をさせていただきたい、人によって見方はいろいろとあると思いますが、そこは私なりの見方ということでご紹介させていただきたいと思っております。

では、まず、レジュメのⅠ（P.22）にありますが、検討状況の背景と現在の到達点についてご紹介申し上げたいと思います。次に、その中で現在どのような形で議論が整理されていきつつあるのかということをお話しし、そこで、論点ごとにいろいろと議論がございますので、Ⅲのところ（P.23）をご覧いただければありがたいのですが、現在どういう方向で議論がまとまりつつあるのかにつき、論点ごとにご紹介させていただきます。最後に、私なりの私見をお話しするという形をとらせていただきたいと思っております。

そこでレジュメのⅠに戻ります。検討の背景についてまず簡単に整理

させていただきます。もともとこの検討が始まった最初のきっかけは、原子力損害賠償支援機構法の附則の6条、参考資料1（P.24）にございますが、機構法が、発災事業者である東京電力に対して国の支援措置を原賠法16条に基づいて発動するという時に、立法府の方から、支援を発動するにあたっては、事故を踏まえたさまざまな見直しを早急にする必要があるということから、附則の6条に3項目にわたって見直し条項が付されたということがございます。

特に、第1番目が、原子力損害賠償の基本的な在り方についての見直しの要請でありまして、原因の検証であるとか、賠償措置の実施の状況であるとか、金融状況であるとか、そのようなものを踏まえて、発災したときの国の関与と帰責の在り方について検討を加える、必要な見直しをせよ、ということが政府に義務づけられました。

第2番目の方に、支援のための機構法というのが成立した訳ですが、機構法の骨になります発災事業者、すなわち、援助を受けている原子力事業者と他の事業者、政府との負担の分担の在り方や、株主責任その他の株主の負担の在り方を含め、実際に国の支援がされているのですから、国民の負担を最小化する見地から見直しなさいということも、併せて要請がされたというわけです。

この附則に従い、政府の方では参考資料2（P.26）を見ていただければと思いますが、この法律ができたのは平成23年ですが、賠償が進んでいく中で平成26年になりまして、見直しに関する副大臣会合の開催が決定されました。

構成員は資料の裏（P.27）を見ていただければありがたいのですが、関係の副大臣から構成されており、その結果、見直しをするとの方向で、政治の責任の下で見直しの方向性が議論されました。ただし、参考資料3（P.28）にございますように、副大臣会合での検討では、我が国がその当時、国際的な枠組みとして批准を考えていたCSC条約がございますが、CSC条約の加入にあたっての準備、原子力損害賠償法をCSC条約の締結に伴って改正する必要が生ずることになるのですが、改正に

あたっての内部的な検討を行うということ、CSC条約、原子力損害賠償の補完的な補償に関する条約の関連法案の中身を検討するというところにもっぱら議論が集中したと私は認識しております。

したがいまして、政府、立法の決議で求められていた損害賠償法のおおもとの枠組みの検討であるとか、さらには機構法による、政府による発災事業者に対する支援の在り方等、その際の負担の在り方の最終検討については、後々の課題に残されたことになります。

(2) 現在までの検討の経緯と状況

そこで、福島の賠償についても時間が経つにつれてかなり進行してきた中で、国会決議に基づいた形での見直しが必要だという認識が政府において高まりました。参考資料4（P.29）になりますが、去年（平成27年5月）の段階で原子力委員会に原子力損害賠償制度専門部会を設置してこの政府の支援機構法の附則に基づく見直しを責任もって実施するということが決定されるということになった次第です。検討の内容としては、原子力損害賠償に係る制度の在り方であるとか、被害者救済の手続きの在り方であるとか、その他の見直しということで、別紙（P.30）にあるようなメンバー構成によって議論が開始されました。前東大総長の浜田先生が委員長になられて、早稲田大学総長の鎌田先生が委員長代理になられ、現在検討は進んでいる状況です。

参考資料5（P.31）を見ていただければ、これが最新のところまでを含めた検討状況ということになります。

(3) 本報告のスタンス

このような部会の常として、技術的、手続的なことを最初の会で決めた後、関連する問題についての共通の認識を形成するため、事務局よりご用意いただいた関連資料を全体で共有した上で、具体的には第5回か

ら原子力損害賠償の見直しに関する検討課題についての作業が開始されました。

　後で参考資料6（P.33）を見ていただければありがたいと思います。その中で全体の検討課題が出てまいりましたが、この検討課題について、あらかた議論を一巡させた後、現時点において具体的に議論の集約に入っているという認識で、私はおります。

　具体的に申しますと、第10回の検討会に出されたものが、参考資料7（P.37）に出ております。ここに、事務局からの見直しの方向と論点の整理についての基本的な案が出ておりまして、次回、残された課題を事務局の方よりご提示いただき、議論した上で、取りまとめの方向、すなわち、最終作業に入っていくものと考えております。具体的にいつ、どういう形で取りまとめられるかについて、私は認識しておりません。ただし、通常の審議会の段取りでいうならば、取りまとめの準備作業が最終段階に入っている現状だと認識をしている次第でございます。

　そこで、大きな枠組みについて中間取りまとめ案のような形で文書が出ておりますので、それを紹介しながら委員会での議論がどのようになっているかということを、まず私の方でご紹介したいと思います。

　ただ、レジュメの最初に戻っていただきますが、私、民法が専門ではございません。行政法が専門でございます。他方、原子力損害賠償は、この取りまとめ案にもありますが、民法の特別法としての性格を持っております。

　そういう意味では、本体の専門的な事項については、私は必ずしも語る資格が十分あるわけではないので、今日のご報告も、原子力損害賠償の専門部会、見直しの専門部会においてどういう議論がされているのかということを、参加した学識経験者の立場から客観的にご紹介することを、まず第1番目の課題とさせていただきたいと思います。ただ、行政法の学者としては、こういう問題について国がどういうふうに関与すべきかという問題には、固有の関心がございます。

　さらには規制と賠償との関係というような問題もございます。そのよ

うな論点については、私の方に語る資格があると思っていますので、本報告のスタンスは、第1に、議論の客観的なご紹介をした上で、学者としての立場から安全性の実効性を損なわない制度設計の在り方について、行政法学者として考えていることをお話ししたいと思います。

2．これまでに出された検討の課題の整理

　背景説明は終わりましたので、レジュメのⅡ（P.22）の検討課題の整理について、参考資料6（P.33）を見ていただければと思います。

　これまでの検討の経緯の中では、当然のことながら附則により見直しを政府に課されている課題に答える形で議論されるということになります。そこで、まず、基本的な枠組みがどうあるべきかという点につき、被害者保護の在り方についての整理であるとか、賠償に係る国民負担の抑制の仕組みがどうかということとか、目的規定の在り方であるとか、こういう大枠についての議論の整理がまず第一に部会では議論になりました。

　その上で、基本的な枠組みの具体の中身として、例えば原子力事業者の責任、現在、原子力損害賠償の特徴であるとされている、無過失責任の在り方をどうするか、さらには、責任集中についてどう考えるのか、諸外国でもここは分かれているところでございますが、有限責任と無限責任、現在は無限責任の考え方がとられていますが、これについて有限責任も考える余地があるのではないかという形で、活発な議論がされています。

　福島の事故などを踏まえ、損害賠償措置、例えば損害賠償措置額をどうすべきかということも議論になっております。また、附則の方では第2番目に課されている、原子力損害賠償・廃炉等支援機構の、機構法の下で行われている政府支援の仕組み、これは一般的な仕組みとして設けられているわけですが、将来的にこの一般的な枠組みをどうするべきな

のか、福島の事故とは切り離してどうあるべきかということが議論になっています。

3．見直しの方向性・論点の整理

次にレジュメのⅢ（P.23）にまいります。そもそも、立法府に課された課題として、国の在り方はいまどのように考えるべきでしょうか。

現行の原賠法は、16条で事業者に対する援助措置というのを定めた上で、17条において免責等のあった場合について、通常の災害対策の枠組みとして、国が災害対策のためのさまざまな措置をとるということが、確認的に規定されています。この事業者に対する援助の仕組み、そして免責等があった場合についての国の災害対策という仕切りについて、果たして本当に国の責任として十分なのかというようなことが議論になっています。

さらには、レジュメのⅡ③（P.22）にございますが、被害者救済の手続きの在り方です。原子力損害賠償紛争審査会においても、指針を作成し被害者救済が迅速に行われるように努力がなされてきましたが、その活動を振り返ってどうだったのかという点や、さらに、審査会の指針のもとで、実際に発災事業者と被害者との間で和解が円滑に進むように活動されている原子力損害賠償紛争解決センターの仕組みが実際どうだったのかということについても、幅広く議論の対象になっています。

以上、現在部会で検討がされている項目について幅広くご紹介しました。その上で、具体的に話がどのように進んでいるのかという点について、参考資料7（P.37）を使いながらご説明をしていきたいと思います。

(1) 被害者救済の在り方

参考資料7（P.37）を見ていただければと思います。有限責任の考

え方をとった場合に、損害額がこれを超えたときに、賠償といいますか、被害者救済をどうするのかという大きな問題が、どのような制度設計をとった場合についても出てまいります。

そこで、部会としては、おおもとの救済の在り方としては、これは、どのような巨大な事故があった場合についても、相当因果関係の範囲に入る損害については、適切な賠償が受けられるべきであることを基本的な前提とするという点において、まずおおもとの合意を成立させました。

間違いなく、適切な賠償がされる仕組みが、あらゆる制度の設計の基本であることを確認したことになります。

(2) 国民負担の最小化

次に国民負担の最小化という話がございます。ただし、この点につき誤解のないように申し上げておきたいと思いますが、附則においては現行の支援機構の法の支援の仕組みが、国民負担の増大につながらないかということを検討しなさいという形でミッションが設定されています。したがって、ここでの最小化は、あくまでも、国の支援が、全体としての国民負担を過度に増やさないという見地からどうなのかということが議論になっていることをご理解いただければと思います。

したがって、国の負担を減少させることが、賠償の世界から踏み出したとき、国の責任と言われた場合に、賠償を縮める話にはならない点をご理解いただいた方がいいと思っています。

(3) 事業環境の変化の下での原子力事業

それから3番目です。Ⅰ―1―(3)（P.39）のところにございますが、これは附則では書いていないことで、私としてはこれは賠償の検討の時点で新しく出てきた検討課題と認識をしておりますが、事情変化の下で、原子力事業者の予見可能性ということを、やはり、より明確に保障する

という要請が強まっていること、すなわち、自由化という視点が強く出されてきた。自由競争にさらされ出した事業者に関して、予見可能性を保障する必要性が新たな課題として出てきたと認識をしております。また今一つは、現行の支援機構法の中で免責規定の適用の在り方や、一般負担金、すなわち、事故を起こしていない事業者、その他の事業者には現行の支援機構法で一般負担金というのが要求されていますが、一般負担金の金額が計画に従って変動する可能性があるわけでございまして、そういう状況の変化によって一般負担金の金額が変わる制度設計でいいのか、という形での予見可能性の問題が議論になっている点もご紹介しておきたいと思います。

(4) 原子力損害賠償の目的等

2番目が目的規定ということでⅠ―2（P.39）になります。目的規定等ということですが、基本的にここで強調されているのは、福島の事故を想定しますと、一般電気事業者の事故だけを想定されがちなわけです。しかしながら、現実に原賀法の対象になる施設は、実用発電用の炉だけではなくて、再処理施設であるとか、さらには大学の試験研究炉であるとか、加工施設とか、非常に多様なものでございます。これらにあまねく一般的に適用して問題がない制度設計にしなければいけないので、何も東電の事故だけを想定してそれだけに議論が集中するのではなくて、一般的な制度として全体として整合性がとれた制度にする必要があるということは、留意点として、共通認識になっているのではないかなと私は思います。

一般的な制度として、目的規定の議論が現在出されております。これがⅠ―2―(2)（P.40）になりますが、原賀法の目的規定の中には被害者保護と、原子力事業の健全な発達という二つの目的が置かれておりまして、この目的規定をどうするのかという議論がございました。この点につきましては、Ⅰ―2―(2)（P.40）に書いてあると思いますが、基本的にはこの二つの目的が必要であるということは、将来的にも維持す

べきではないかというのが、現在の多数意見だと受け止めております。

ただ、健全な発達という言葉が果たして現行でいいのかなというのが、私の個人的な意見としては申し上げさせていただいているところです。ただし、少なくとも原子力事業が健全な産業として存続することが、被害者保護に究極的につながるという点において、2つの目的を置くことは適当ではないのか、というのが委員会のおおかたの一致ができていると思っております。

(5) 原賠制度における官民の適切な役割分担について

それから官民の役割分担について、Ⅰ―2―(3)（P.41）に書いてございます。

ここは極めて重要な課題だというふうに思っています。少なくとも今回の事故を契機にして、私見は最後に申し上げますが、民法の特別法として事業者が責任を持つということは基本でございますけれども、このような大きな事故が起きたときに、事業者だけで十分な迅速かつ円滑な救済ができるというわけにはいきません。そういう意味では、様々な事故が起こり得るということを前提として、国がそのような場合についても十分な役割を果たすということを踏まえた形での検討が必要だというところでは、現在の多くの委員会の方の意見が一致しております。

以上が基本的な枠組みでございます。以下、具体的な制度の検討のご紹介に入ります。

4．原子力損害賠償に係る制度の在り方

(1) 無過失責任・責任集中

原子力損害賠償の制度の在り方の具体論として、無過失責任、責任集

中の原則がP.42のところに出ております。これをご覧いただければお分かりになりますように、現行の無過失責任の話、原子力事業者への責任集中の話、求償権の制限については、問題があるという意見は正面からは出ておりません。

　無過失責任や責任集中の問題については、おおかたの委員がこれでよいと思われている、というのが私の認識でございます。

(2)　有限責任・無限責任

　ただ、その一方で、活発な議論になっているのが、有限責任の導入をするのかどうかという点です。事務局のまとめのペーパーに書いてございますが、多くの委員から、有限責任を導入すべきであるという見解、予見可能性確保という見地から、有限責任の導入論がかなり有力な意見として出されている現状にございます。

　他方において、これに対しまして、有限責任とした場合について、過失があった場合について有限責任の議論がもちますかという議論、さらには安全性向上に対する投資の減少があり得るのではないか、事故抑止の観点から有限責任の導入には問題があるのではないかという指摘がございました。したがって、現在のところ有限責任を導入するに際しては、明確な根拠を整理する必要があるというまとめが行われている状況だと、認識をしております。

　また、Ⅱ—2—(1)—ⅰ)—②（P.44）のところに賠償措置額との関係がございます。十分な賠償措置額であったのかどうかという観点から、賠償措置額を引き上げるかどうかという議論がされております。その一方で、賠償措置額を引き上げることになりますと、保険料をどういうふうに考えるのかということ、さらには政府の賠償措置を大幅に引き上げることになりますと、国民負担の増大につながるのではないかという形で、さらに議論を尽くす必要があるのではないかという指摘がありました。そういう形で議論が進んでいるという状況です。

(3) 原賠・廃炉機構について

それから、廃炉機構の話が出てきております。廃炉機構の話は時間の関係で省略させていただきますが、一点、相互スキームとしての対応が機構の支援に組み込まれているわけでございますけれど、この支援の仕組みについては、一般負担金等の在り方を含めて、電力システム改革を踏まえてどういうふうに考えるのかということが議論すべき問題として残っている、という整理になりました。

(4) 原子力事業者の法的整理

もう一つ委員会で議論になったのが原子力事業者の法的整理の話でございます。ご承知のように、今回の事故におきましても、事業者の法的整理の可能性があるかどうかというのが議論になりました。しかしここにございますように、法的整理の可能性を認めるかどうかという非常に難しい問題がございます。

さらには、電力システム改革という大きな事情、変化がございまして、全体としての検討課題として整理をする必要があるのではないかという問題提起もされ、さまざまな法的課題の整理が今後も必要ではないかという形で議論が到達しています。

(5) 免責規定・原賠法17条

最後はⅡ―4（P.50）のところにございます。免責についてもいろいろ議論がありますが、そこは省略させていただいて、17条の国の措置についてです。

仮に免責になった場合について17条に基づく国の措置については、現行法では通常の災害対策の枠組みで行う形になっています。しかしそれで十分かどうかということが最初に申し上げましたように、議論になり

得る大きな課題だと思っております。

　国が積極的に救済措置をとる点で、救済を十分行い得るような仕組みを17条という形を改正して明確に規定すべきかどうかという点が、今後の大きな検討課題だと思っています。

5．残された検討課題

　それから、もう一つ、元に戻っていただいて、次回の部会では、参考資料6にございますように、残った課題である被害者救済手続の在り方（P.34）について、議論がされる予定です。原子力損害賠償紛争審査会のシステム、それから紛争解決センターのシステム等について、具体的にどういうふうに制度を設計していくのかが今後とりまとめの対象になっていくと認識をしております。

6．私見

　以上、駆け足で議論をご紹介させていただきました。最後に、もう少しお時間を頂戴して、若干、私見を申し上げたいと思います。

(1)　無過失責任

　ペーパーに即して、もう一回、駆け足的にコメントをさせていただきます。まず1番目、参考資料7 Ⅰ—1—(1)（P.37）にございますが、適切な賠償という観点が、私としては極めて重要なことと受け止めております。最終的に政府が事業者に代わって何がしかの賠償なり、補償なり、救済の手を差し伸べるとしても、そこでは、損害賠償請求権を通常よりも切り下げるといったような形は、理論的な可能性としても考える

べきではない、という点を基本的な考え方とすべきであると思っています。

2番目でございます。無過失責任と責任集中の問題が出ております。P.42でご紹介しましたが、ここについては基本的に異論がなかったというふうに思っておりますので、迅速な賠償、円滑な賠償を進めるためには責任集中と無過失責任の原則は維持されるべきだと考えております。

(2) 有限責任と事故抑止

活発な議論になりました有限責任の考え方でございます。私は民法の専門家ではないので、民法理論からこの問題について具体的に何か申し上げる資格はないのです。ただ、不法行為法の権威であります大塚委員のご意見に私は基本的に賛同しております。一つは大塚委員のご発言にございましたように、無限責任をとっていて有限責任に制度を変更した国はまだないわけでございます。そういう意味では、福島という大きな事故があった後に、無限責任から有限責任にあえて制度を移行するには、非常に重たい制度設計責任が国に課せられるのではないかと考えております。

それから、事故抑止機能というのも極めて重要でございます。有限責任をとった場合について、事故抑止機能が相当程度損なわれるという点に照らすならば、そういう制度をとるについては十分な説明責任が国に発生するのではないかと考えている次第です。

加えて、行政法の見地から議論を付け加えたいと思います。私は安全規制を一生懸命考えてきました。規制の側から問題を考えてみると、規制で全部物事がうまくいくと考えがちなわけですが、それが行政法学者の思い上がりであったということを、痛いほど思い知らされたのが福島の事故でございました。規制が機能していても事故は完全には防げないわけです。そういう意味では、もう一つ重要な民事上の責任として、きちんと事故が起きたときには賠償責任が降ってくるという形での事故抑

止機能というのが規制側の制度設計とあわせ車の両輪のような重要な観点であると、私は思っています。

　そういう意味では、行政法で規制を考えている人間としても、そのような事故抑止機能を損なうおそれのある賠償制度の設計に際して、規制が万能ではないという深い反省に立って、仮に制度を変えるのであれば、十分な説明責任を果たしていただきたい、と考えている次第であります。

(3)　原子力事業者の法的整理

　それから、法的整理の在り方についても議論になりました。これは私見で申し上げることになりますが、現在の原子力損害賠償・廃炉等支援機構法は福島の事故の後に一般法として定められました。しかし、あくまでも東京電力という我が国で最大の電力事業者が起こし、極めて大きな発災をしたということを踏まえ、制度設計がされたと考えております。この後、同法を一般法としてあらゆる事象に対応する制度として仕組むことを予定することについては、それなりの再検討がいるのではないかと考えております。例えば、法的整理ができないという部分についても、当時の立法担当者のご説明を色々と読んでまいりましたが、東京電力という大きな事業者が発災した。そして、東京電力を存続させれば、国に代わって円滑な、かつ十分な賠償をする人的なリソースがある、それだけの組織の体力もあるとの前提で物事が進んだと考えています。

　さらには、一般負担金、他の電力事業者が支払う一般負担金についても、ある意味では奉加帳方式という形での拠出を求めることができたということは、東電事故という前提があっての制度設計であったと思っています。

　したがいまして、これを将来的にも一般化するにあたっては、小規模の事業者が事故を起こした時、さらには極めて悪質な法令違反を事業者が起こした場合の救済の在り方等にも耐えうるような制度設計を考えることが必要ではないかと考えます。そういう意味では、私も、これが一

般法として制定されたという経緯、法の仕組みを否定しませんが、国が直接事業者に代わって乗り出すスキームの余地を残しておく制度を、将来的には考えるべきではないかなと思います。

(4) 官民の適切な役割分担について

それから、最初に申し上げました、国と事業者との役割分担、これが公法学者としての固有の問題意識であり、この観点を大切にして、今回議論に参加したところでございます。繰り返し申し上げますが、現行の16条は発災事業者に対しての援助の仕組み、17条は通常の災害対策、16条で尽きたところの通常の災害対策としての仕組みを確認的に規定した17条という性格だと私は理解しています。

従いまして、原子力について、民間が事業を行いつつ、国が支援するという国策民営で行ってきた仕組みを今後も維持するのであれば、大規模な事故が起こったときについては、国が事業者を援助しつつ、さらには、積極的に国の責任として、前に出ていく仕組みを17条に代えて作る。必ず国が出てくる仕組みが適当ではないかと思います。したがって、事故の性格に応じて国が積極的に救済、自己対策に乗り出す義務のあることが条文上読める制度として仕組み直すということが重要だと考えています。

さらには、16条につきましても、事業者の援助というだけではなくて、場合によっては、小規模の事業者等を念頭において法的整理が有り得るスキームを考えていくべきだと私は思います。

(5) 被害者の救済

最後、救済手続についてはご紹介をしておりませんでしたが、常々、原子力損害賠償紛争審査会で申し上げていることがございます。すなわち、現行の原子力損害賠償紛争審査会と解決センター、この仕組みは大

きな意味をそれなりに持ったと思います。

　したがって、これは将来的にも残すという方向で、多分前回の議論では、おおかた一致が上げられたと思っております。残す方向において今後議論になっていくのだろうと思いますが、ただ、残した場合についても両者の違いをはっきり意識して制度設計をする必要があると思っています。

　原賠審の役割は、民法理論に従って、最大限迅速な救済を行うために指針を策定する。そこでは一般的な事例を想定し、広範囲な損害を対象とした一般的な指針である。したがって個別の事情による例外があるということを再度明確にする。これが一般の方に分かる制度設計が重要だと思っています。

　その一方で、ADRは、指針にのっとりつつも、具体の紛争解決の中で前に出て、場合によっては、一歩踏み出した形での被害者救済の提示をするという機能もあると思います。両者の違いがはっきり分かるような形での制度の仕切りが重要であると思います。さらに言いますと、しかしながら、民法の相当因果関係ということの学問的なところが出発点になることから、両者には共通する部分があるわけでございます。したがって、その部分についての両者の認識の一致が図られることが、行政の制度として極めて重要だと思っています。

　そういう意味で両者の意見交換、民法上の損害の相当因果関係の範囲に係る認識の一致を図るような、組織上の意見交換の仕組みを、今後両方の組織を残すのであれば、両組織とも行政上の制度である以上は、設ける必要があるのではないかと、最後考えている次第でございます。

　以上、雑駁なお話しでございましたが、現在の原子力損害賠償の仕組みとともに、若干の私見を付け加えさせていただきました。

　ご清聴どうもありがとうございました。

―質疑応答―

質問者：多分、今日ご出席の方々の関心も強いのではないかと思いますが、有限責任の話と無限責任の話がこの議論の争点であるのだと思うのですが、この議論の実益というのは何なんでしょうかということが、私の疑問でございまして、最初のところで、賠償の完全賠償、適切な賠償があるのだということと、国民負担の最小化を図るという基本的な原則が確認されたということでございますので、有限責任にしたからといって賠償金をカットすることには多分ならないことからすると、国が支払うことになります。一方でそれは無から有は生まれないものですから、国は改めて消費税を増税するか、あるいは電源開発税を増税するのか知りませんけれど、最終的には有限責任を採ろうが無限責任を採ろうが国民負担は同じであり、国民から見ると、いったいこの人たちは何を議論しているのでしょうかという疑問をもち、電気料金は変わらないというような感じもするのですが、こういった議論をするところの実益って、先生としてはどうお考えなのでしょうか。

髙橋滋：根本的な質問をいただきました。私自身は現行の制度を維持するのが適当だというふうに、結論として申し上げたので、制度を変えるという先生方のご意見というのはよく分からないところがございます。ただし、負担といっても事業者に基本的に最後まで責任を持っていただくということになれば、電気料金にいくことになります。それが電力自由化の関係でどうなるかは分かりませんが、競争上は、賠償金が事業者の責任ということになってくると、電気料金の方にいかざるを得ない。そうすると同じ国民負担としても、税としての負担と電気料金の負担は違うのではないか、という問題意識が多分お有りになるのだろうと思います。さらに言うと、電力自由化の中でそういう負担を事業者に課していいのか、要するに競争上不利になるということだと思いますが、そのような競争上不利になるような負担を、発災事業者等にずっと未来永劫、

負わせていいのかという問題意識をお持ちなのかなと思っております。
　そういった意味では、究極的なところでは、国民自身にとっては最終的には変わらないにしても、その負担の在り方とか、負担を求めるルートであるとか、さらには電力自由化等の中でどういうふうに考えるべきかについて、大分意見が違うかなと思っている次第です。

レジュメ

原子力損害賠償法の改正動向

2016年6月4日
一橋大学大学院法学研究科＊　髙　橋　　滋

Ⅰ　原子力委員会原子力損害賠償制度専門部会の検討状況―その背景と検討状況

① 検討の背景
  1）原子力損害賠償支援機構法附則第6条・附帯決議（参考資料1）
  2）原子力損害賠償制度の見直しに関する副大臣等会議の開催（参考資料2）
  3）上記副大臣会合の検討内容（参考資料3）

② 現在までの検討の経緯と状況
  1）原子力損害賠償制度専門部会の設置（平成27年5月13日）（参考資料4）
  2）これまでの検討の状況（参考資料5）

③本報告のスタンス
  1）議論の紹介
  2）行政法学者としての立場から―安全規制の実効性を損なわない制度設計

Ⅱ　これまでに出された検討の課題の整理（参考資料6）

① 原子力損害賠償制度の基本的枠組み等
  1）原子力損害賠償制度の基本的枠組み
  2）原子力損害賠償制度の目的等

② 原子力損害賠償に係る制度の在り方
  1）原子力事業者の責務
  2）損害賠償措置
  3）原子力損害賠償・廃炉等支援機構
  4）国の責務
  5）免責規定
  6）他のステークホルダーの責任

③ 被害者救済手続の在り方
  1）被害者救済手続全般に関わる事項等
  2）原子力損害賠償紛争審査会
  3）原子力損害賠償解決センター

第 1 章　原子力損害賠償法の改正動向

Ⅲ　見直しの方向性・論点の整理（参考資料 7 ）

① 　原子力損害賠償制度の基本的枠組み等
　1 ）原子力損害賠償制度の基本的枠組み
　　(1)　被害者保護の在り方について　　(2)　国民負担の最小化について
　　(3)　事業環境の変化の下での原子力事業者の予見可能性について
　2 ）原子力損害賠償制度の目的等
　　(1)　原子力損害の賠償に関する法律の制度設計について
　　(2)　原賠法の目的規定について
　　(3)　原賠制度における官民の適切な役割分担について

② 　原子力損害賠償に係る制度の在り方
　1 ）無過失責任・責任集中
　　(1)　原子力事業者の無過失責任について
　　(2)　原子力事業者への責任集中及び求償権の制限について
　2 ）責任の範囲、損害賠償措置、原賠・廃炉機構
　　(1)　責任の範囲について
　　　ⅰ）有限責任
　　　　①　原子力事業者の責任制限
　　　　②　責任限度額と損害賠償措置との関係
　　　　③　原子力事業者の責任限度額を超える損害が生じた場合の対応
　　　ⅱ）無限責任
　　　　①　原子力事業者の無限責任
　　　　②　損害賠償措置
　　　　③　原賠法16条に基づく国の措置
　　(2)　原賠・廃炉機構について
　3 ）原子力事業者の法的整理
　4 ）免責規定・原賠法17条
　　(1)　免責規定
　　(2)　原賠法17条に基づく国の措置

Ⅳ　残された検討課題と私見

① 　残された検討課題（救済手続の在り方）
② 　私見
　　　　　　　　　　　　　　　　　　　　　　　　　　　　　　　　　　以上
＊現在、法政大学法学部教授

参考資料1

原子力損害賠償制度の見直しに係る関係規定・附帯決議

○原子力損害賠償支援機構法　附則第6条

（検討）
第6条　政府は、この法律の施行後できるだけ早期に、平成23年3月11日に発生した東北地方太平洋沖地震に伴う原子力発電所の事故（以下「平成23年原子力事故」という。）の原因等の検証、平成23年原子力事故に係る原子力損害の賠償の実施の状況、経済金融情勢等を踏まえ、原子力損害の賠償に係る制度における国の責任の在り方、原子力発電所の事故が生じた場合におけるその収束等に係る国の関与及び責任の在り方等について、これを明確にする観点から検討を加えるとともに、原子力損害の賠償に係る紛争を迅速かつ適切に解決するための組織の整備について検討を加え、これらの結果に基づき、賠償法の改正等の抜本的な見直しをはじめとする必要な措置を講ずるものとする。

2　政府は、この法律の施行後早期に、平成23年原子力事故の原因等の検証、平成23年原子力事故に係る原子力損害の賠償の実施の状況、経済金融情勢等を踏まえ、平成23年原子力事故に係る資金援助に要する費用に係る当該資金援助を受ける原子力事業者と政府及び他の原子力事業者との間の負担の在り方、当該資金援助を受ける原子力事業者の株主その他の利害関係者の負担の在り方等を含め、国民負担を最小化する観点から、この法律の施行状況について検討を加え、その結果に基づき、必要な措置を講ずるものとする。

3　政府は、国民生活の安定向上及び国民経済の健全な発展を図る観点から、電気供給に係る体制の整備を含むエネルギーに関する政策の在り方についての検討を踏まえつつ、原子力政策における国の責任の在り方等について検討を加え、その結果に基づき、原子力に関する法律の抜本的な見直しを含め、必要な措置を講ずるものとする。

○原子力損害賠償支援機構法案に対する附帯決議（衆議院）（抜粋）

七　法附則第6条第1項に規定する「抜本的見直し」に際しては、原子力損害の賠償に関する法律第3条の責任の在り方、同法第7条の賠償措置額の在り方等国の責任の在り方を明確にすべく検討し、見直しを行うこと。

十一　本委員会は、法附則第6条第1項に規定する「できるだけ早期に」は、1年を目途とすると認識し、政府はその見直しを行うこと。

○原子力損害賠償支援機構法案に対する附帯決議（参議院）（抜粋）

七　本法附則第6条第1項に規定する「抜本的見直し」に際しては、原子力損害の賠償に関する法律第3条の責任の在り方、同法第7条の賠償措置額の在り方等国の責任の在り方を明確にすべく検討し、見直しを行うとともに、その際賠償の仮払いの法定化についても検討すること。

十一　本委員会は、本法附則第6条第1項に規定する「できるだけ早期に」は、1年を目途と、同条2項に規定する「早期に」は、2年を目途とすると認識し、政府はその見直しを行うこと。

参考資料2

原子力損害賠償制度の見直しに関する副大臣等会議の開催について

$$\left[\begin{array}{l}\text{平成26年6月12日}\\ \text{内閣総理大臣決裁}\end{array}\right]$$

1．原子力損害賠償支援機構法（平成23年法律第94号）附則第6条に規定する原子力損害賠償制度の見直しについて、エネルギー基本計画（平成26年4月11日閣議決定）を踏まえ、当面対応が必要な事項及び今後の進め方について整理するため、原子力損害賠償制度の見直しに関する副大臣等会議（以下「副大臣等会議」という。）を開催する。

2．副大臣等会議の構成員は、次のとおりとする。ただし、議長は、必要があると認めるときは、構成員を追加し、又は関係者に出席を求めることができる。
　議　長　内閣官房長官が指名する内閣官房副長官
　構成員　内閣府特命担当大臣（原子力損害賠償支援機構）の指名する原子力損害
　　　　　賠償支援機構に関する事務を担当する内閣府副大臣
　　　　　外務大臣の指名する外務副大臣
　　　　　文部科学大臣の指名する文部科学副大臣
　　　　　経済産業大臣の指名する経済産業副大臣
　　　　　環境大臣の指名する環境副大臣

3．副大臣等会議の庶務は、文部科学省及び経済産業省の協力を得て、内閣官房において処理する。

4．前各項に定めるもののほか、副大臣等会議の運営に関する事項その他必要な事項は、議長が定める。

原子力損害賠償制度の見直しに関する副大臣等会議　構成員

議　長　世耕　弘成　内閣官房副長官

構成員　高木　陽介　内閣府副大臣兼経済産業副大臣

　　　　城内　　実　外務副大臣

　　　　藤井　基之　文部科学副大臣

　　　　小里　泰弘　環境副大臣

参考資料3

原子力損害賠償制度の見直しに関する副大臣等会議の検討内容

原子力損害賠償制度の見直しに関する副大臣等会議（第1回）
議事次第　日時：平成26年6月12日（木）17：00～17：20
場所：中央合同庁舎8号館特別中会議室
議題：これまでの取組みについて

原子力損害賠償制度の見直しに関する副大臣等会議（第2回）
議事次第　日時：平成26年8月22日（金）10：30～11：00
場所：中央合同庁舎8号館特別大会議室
議題：CSCの準備状況について
　　　当面の課題と今後の進め方について

原子力損害賠償制度の見直しに関する副大臣等会議（第3回）
議事次第　日時：平成26年10月20日（月）10：30～10：50
場所：中央合同庁舎8号館特別中会議室
議題：原子力損害の補完的な補償に関する条約（CSC）及び関連法案について

原子力損害賠償制度の見直しに関する副大臣等会議（第4回）
議事次第　日時：平成27年1月22日（木）17：05～17：30
場所：中央合同庁舎8号館特別中会議室
議題：原子力損害の補完的な補償に関する条約（CSC）に係るその後の状況について
　　　CSC以外の原子力損害賠償制度の課題及び今後の進め方について

参考資料4

原子力損害賠償制度専門部会の設置について

平成27年5月13日
原 子 力 委 員 会

1．目的

　我が国の原子力損害賠償制度は、昭和36年に原子力損害の賠償に関する法律が制定されて以降、必要な見直しが行われてきたが、東京電力株式会社福島第一原子力発電所事故を受け、必要な法整備等が行われ、現在、事故に係る賠償が進められている。

　一方、原子力損害賠償・廃炉等支援機構法附則第6条に規定する原子力損害賠償制度の見直しについては、エネルギー基本計画を踏まえ、当面対応が必要な事項及び今後の進め方を整理するため、「原子力損害賠償制度の見直しに関する副大臣等会議」が設置され、検討が進められてきたところである。

　これらを踏まえ、原子力委員会としては、「原子力損害賠償制度専門部会」を設置し、今後発生し得る原子力事故に適切に備えるための原子力損害賠償制度の在り方について専門的かつ総合的な観点から検討を行う。

2．検討内容

　原子力損害賠償制度に関する次の事項について審議する。
(1)　原子力損害賠償に係る制度の在り方
(2)　被害者救済手続きの在り方
(3)　その他原子力損害賠償制度の見直しに係る事項

3．構成員等

　別紙の通りとする。

4．その他

　原子力損害賠償制度専門部会の運営については、原子力委員会専門部会等運営規程を適用する。

別紙

原子力損害賠償制度専門部会　構成員

伊藤　聡子	フリーキャスター	
遠藤　典子	慶應義塾大学大学院政策・メディア研究科特任教授	
大塚　直	早稲田大学法学部教授	
大橋　弘	東京大学大学院経済学研究科教授	
加藤　泰彦	日本経済団体連合会資源・エネルギー対策委員会共同委員長	
鎌田　薫	早稲田大学総長	
木原　哲郎	日本原子力保険プール専務理事	
崎田　裕子	NPO法人持続可能な社会をつくる元気ネット理事長	
	ジャーナリスト・環境カウンセラー	
清水　潔	明治大学研究・知財戦略機構特任教授	
住田　裕子	エビス法律事務所　弁護士	
髙橋　滋	一橋大学大学院法学研究科教授	
辰巳　菊子	公益社団法人日本消費生活アドバイザー・コンサルタント・相談員協会常任顧問	
西川　一誠	原子力発電関係団体協議会会長	
	福井県知事	
濱田　純一	前　東京大学総長	
又吉　由香	モルガン・スタンレーMUFG証券エグゼクティブディレクター	
森田　朗	国立社会保障・人口問題研究所所長	
山口　彰	東京大学大学院工学系研究科原子力専攻教授	
山本　和彦	一橋大学大学院法学研究科教授	
四元　弘子	森・濱田松本法律事務所　弁護士	

オブザーバー

市川　晶久	日本商工会議所産業政策第二部副部長（調整中）
小野田　聡	電気事業連合会専務理事
二瓶　茂	原子力損害賠償紛争解決センター次長・弁護士
馬場　利彦	全国農業協同組合中央会参事　兼　営農・経済改革推進部長
若林　満	全国漁業協同組合連合会漁政部部長
渡辺　毅	みずほ銀行専務執行役員

（五十音順）

参考資料5

原子力損害賠償制度専門部会のこれまでの検討状況

第1回　平成27年5月21日（木）
（議題）(1)　部会長の決定　(2)　専門部会の運営について
　　　　(3)　我が国及び諸外国の原子力損害賠償制度等について　(4)　その他

第2回　平成27年7月8日（水）
（議題）(1)　原子力損害賠償法が適用された原子力事故及び損害賠償の概要について
　　　　(2)　東京電力株式会社福島原子力発電所事故による損害に対する福島県の対応について
　　　　(3)　その他

第3回　平成27年8月25日（火）
（議題）(1)　東京電力株式会社福島原子力発電所事故による損害への対応について
　　　　(2)　原子力損害賠償紛争解決センター及び原子力損害賠償・廃炉等支援機構法について
　　　　(3)　その他

第4回　平成27年10月7日（水）
（議題）(1)　東京電力株式会社福島原子力発電所事故による損害への対応について
　　　　(2)　原子力損害賠償・廃炉等支援機構法について
　　　　(3)　今後の検討課題について　(4)　その他

第5回　平成27年12月9日（水）
（議題）(1)　原子力損害賠償制度の見直しに係る検討課題について　(2)　その他

第6回　平成28年1月20日（水）
（議題）(1)　原子力損害賠償制度の見直しに係る検討課題について　(2)　その他

第7回　平成28年3月2日（水）
（議題）(1)　原子力損害賠償制度の見直しに係る検討課題について　(2)　その他

第8回　平成28年4月18日（月）
（議題）(1)　原子力損害賠償制度の見直しに係る検討課題について　(2)　その他

第9回　平成28年4月27日（水）

(議題) (1) 原子力損害賠償制度の見直しに係る検討課題について (2) その他

第10回 平成28年5月31日（火）
 (議題) (1) 原子力損害賠償制度の見直しに係る検討課題について
　　　 (2) 原子力損害賠償制度の見直しの方向性・論点の整理について
　　　 (3) その他

参考資料6

これまでに出された検討課題の整理（案）

0：原子力損害賠償制度の基本的枠組み等

1. 原子力損害賠償制度の基本的枠組み
- 被害者保護の在り方について整理してはどうか
- 賠償に係る国民負担を最大限抑制する枠組みが必要ではないか
- 電力システム改革、原発依存度低減等の事業環境変化の下で、事業者の予見可能性をどう考えるか

2. 原子力損害賠償制度の目的等
- 被害者保護と原子力事業の健全な発達という現行の目的規定をどう考えるか
- 原子力損害賠償制度における官民の適切な役割分担をどう考えるか
- 環境損害、環境回復措置との関係をどう整理するか
- 復興施策との関係をどう位置付けていくか

Ⅰ：原子力損害賠償に係る制度の在り方

1. 原子力事業者の責務
- 無過失責任、責任集中について
  - ☑ 民法第709条、国家賠償法、製造物責任法等との関係についてどう考えるか
  - ☑ 求償権の制限規定を見直すことが必要か
- 無限責任、事業者の法的整理の課題について
  - ☑ 事業者が賠償責任を果たす上で、現行の枠組みが十分なものとなっているか
  - ☑ 仮に事業者が法的整理された場合、被害者保護をどのように図るのか
- 有限責任の課題について
  - ☑ 事業者責任の有限化と事故抑制のインセンティブとの関係をどう考えるか
  - ☑ 事故が事業者の過失によって発生した場合、その責任をどう考えるか
  - ☑ 責任の制限を超えた場合の被害者保護をどのように図るのか

2. 損害賠償措置
- 民間保険契約、政府補償契約による損害賠償措置額を見直すことが必要か

3. 原子力損害賠償・廃炉等支援機構
- 原賠・廃炉機構の枠組みの最適化、負担の在り方について検討が必要ではないか

・電力システム改革等の事業環境変化の下で、制度の持続可能性についてどのように考えるか

4. 国の責務
　・原賠法第16条・第17条について、事業者の責任と国の措置との関係が不明確ではないか
　・原賠法第16条に定める「原子力事業者が損害を賠償するために必要な援助」についてどう考えるか
　・原賠法第17条に定める「被災者の救助及び被害の拡大防止のための必要な措置」についてどう考えるか

5. 免責規定
　・現行規定をどのように見直すか
　・より明確な適用基準の設定についてどう考えるか
　　☑科学的な観点からの適用基準を定めるべきではないか
　　☑新規制基準をどのように考慮するか

6. 他のステークホルダーの責任
　・株主や金融機関等の責任についてどう考えるか

Ⅱ：被害者救済手続の在り方

1. 被害者救済手続全般に関わる事項等
　・原子力損害の特性を踏まえた迅速かつ適正な救済手続をどのように定めるか
　・業界団体等が果たしてきた役割が大きいが、何らかの役割を担うことは可能か
　・賠償請求権に係る消滅時効の特例制度をどう扱うか
　・事故直後においては仮払いによる対応が求められているが、制度化についてどう考えるか
　・集団申立や集団訴訟への対応について検討が必要ではないか

2. 原子力損害賠償紛争審査会
　・紛争審査会の位置付け（独立性等）をどう考えるか
　・原賠法第18条に定める「指針」の課題について
　　☑指針の内容、位置付けを見直すことが必要か
　　☑国が被害者救済手続に積極的に関与することが必要か

3. 原子力損害賠償紛争解決センター
　・和解仲介手続の課題について
　　☑調停・仲裁等の紛争解決手続についてどう取り入れていくか
　　☑和解仲介手続に係る時効中断等の特例制度をどう扱うか
　　☑和解案の実効性についてどう担保していくか
　・ADR センターの位置付け（独立性等）をどう考えるか

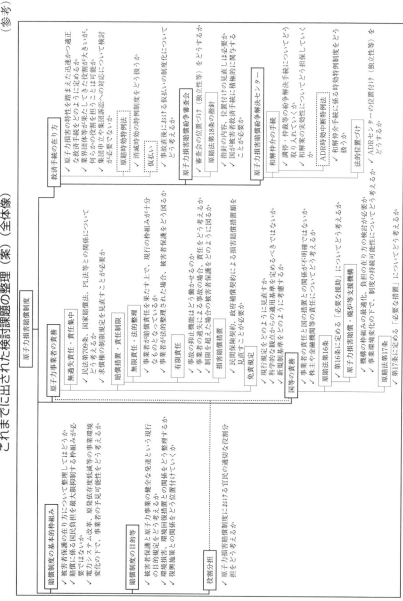

第1章 原子力損害賠償法の改正動向

参考資料7

原子力損害賠償制度の見直しの方向性・論点の整理〔1〕

(「原子力損害賠償制度の基本的枠組み等」・「原子力損害賠償に係る制度の在り方」関係)

【本資料の位置付け】
○本資料は、これまでの本部会での議論を踏まえ、事務局において、おおむね意見の方向性が一致していると考えられる事項及び今後さらに議論が必要と考えられる論点を枠内に整理した。なお、これに関連する主な意見を枠外に付記している。
○本文中、Ⅰ＜1＞においては、今後、原賠制度に係る個別の課題に関して議論を深めていくに当たっての基本的な考え方・留意点を整理した。また、Ⅰ＜2＞以降においては、原賠制度に係る個別の課題について、その見直しの方向性・論点を整理した。

Ⅰ．原子力損害賠償制度の基本的枠組み等
＜1．原子力損害賠償制度の基本的枠組み＞
 (1) 被害者保護の在り方について

　　今後発生し得る原子力事故に適切に備えるためには、被害者保護に万全を期す必要があり、原子力損害と認められる損害については、すべて補填されることにより被害者が適切に賠償を受けられる（以下「適切な賠償」という。）ための制度設計の検討が必要である。
　　また、原子力災害には、事故の態様によっては広範囲にわたって放射性物質が放出される可能性があること、放射性物質又は放射線の影響をすぐに五感で感じることができないこと、放射線被ばくの影響が被ばくから長時間経過した後に現れる可能性があること等の特殊性がある。このことを踏まえ、原子力損害賠償制度（原賠制度）の見直しに当たっては、迅速性と適切性を備えた原子力損害賠償に係る制度の在り方及び被害者救済手続の在り方について検討が必要である。

(関連意見)
○他国の例では、原子力事業者の責任の範囲にかかわらず、配分計画による賠償を行うことを想定した制度設計が見られるが、仮に我が国においてそのような制度設計を行った場合、原子力損害による被害者の保護の重要性は制度創設時と変わらない中で、原子力利用に対する国民の理解が得られなくなることが懸念される。
○被害者にとって、いつどのような賠償が行われるかという観点から、指針の策定、和解の仲介等の手続面で予見可能性を高めることが必要である。
○被害者の受けた損害ができる限り補填されることが望ましいが、国民負担の最小

化との関係を踏まえて検討する必要がある。

(2) 国民負担の最小化について

> 現行の原賠制度においては、賠償責任はあくまでも原子力事業者にあることから、まずは原子力事業者が最大限の責任を負うべきであり、東京電力株式会社福島原子力発電所事故（東電福島原発事故）を踏まえた国による支援の枠組み（原子力損害賠償・廃炉等支援機構法）の制度設計においては、国民負担の最小化を図ることが求められた。
> 　賠償に当たって、税により国民負担を求めることについては、基本的に原子力事業者が賠償責任を負うべきものであり、税により負担することには相当慎重であるべきとの意見がある。他方、原子力事業者が原子力損害賠償・廃炉等支援機構（原賠・廃炉機構）に納付する一般負担金は電力需要家の納める電気料金が原資となっており、広義には国民負担であることから、電気料金引上げの抑制を図る観点も重要であるとの意見がある。
> 　これらの意見を踏まえ、今後発生し得る原子力事故に適切に備えるための制度設計に当たっては、税による負担と電気料金による負担の在り方について、国と原子力事業者の責任の分担等に関する議論と併せて検討する必要がある。

（関連意見）
○電気料金は広義的には国民負担であり、全体コストの最小化のための制度設計を確立することが重要である。
○全電力事業者の利用者が電気料金として負担するだけでなく、事故を起こした原子力事業者のステークホルダーも負担すべき。
○小売全面自由化が開始され、原子力発電により発電された電力の使用を望まない人もいる中で、税金のように等しく国民全体で原子力にかかるコストを負担させることが適切といえるのか。
○原子力損害賠償のために財政措置を講じようとした場合、国家財政には上限があるため、他の財政需要との関係で一定の制約が生じざるを得ない。
○国民負担の在り方について、世代間の公平性という点にも留意すべき。現行制度では、将来の国民負担を生じるリスクを内包しており、より長期的視点に立ったリスク軽減のための制度設計が必要である。
○原子力損害賠償に係る国民負担について、電力を使用する国民が電気料金により負担することと、税により負担することは、法的には全く性格が異なるものである。

(3) 事業環境変化の下での原子力事業者の予見可能性について

> 原賠制度の見直しに当たっては、電力システム改革等を踏まえ、原子力事業者にとっての事業の予見可能性を確保する観点から、原子力事業者の責任制限や、原賠・廃炉機構の一般負担金の在り方等についての検討を行うべきとの意見に留意する必要がある。

(関連意見)
○これまで原子力事業は、地域独占、総括原価方式等の制度の下で進められてきたが、電力システム改革を受け、原子力事業の予見可能性及び原賠制度の持続可能性に疑義が出てきた。また、今後の原子力依存度の低減及び廃炉の進展にも留意が必要である。
○現行制度は、免責規定の適用や一般負担金の金額について、予見可能性が乏しいと考えられる。

<2. 原子力損害賠償制度の目的等>
(1) 原子力損害の賠償に関する法律の制度設計について

> 原賠制度の見直しに当たっては、我が国が締結している原子力損害の補完的な補償に関する条約（CSC）や、東電福島原発事故の経験等を受けて顕在化した課題を踏まえ、検討する必要がある。また、どのような原子力事故を想定するかが重要となるが、事故の態様は様々であり、個別の事故に応じて柔軟な対応が求められる面がある。さらに、原子力損害の賠償に関する法律（原賠法）の対象となる施設は、実用発電用炉、再処理施設、試験研究炉、加工施設等と多様であり、また、原子力事業者の規模等が大きく異なることに留意する必要がある。特に、これらの施設で重大事故が発生し、放射性物質の放出等が起こった場合には、深刻な影響が長期間にわたり継続することがあり得ることに留意する必要がある。
> 　迅速かつ適切な賠償が確実に行われるための制度設計を検討するに当たっては、国と原子力事業者の責任の分担と、その責任を果たすための損害賠償措置等の在り方を組み合わせて検討を行い、原賠制度全体としての整合性のとれたものとするとともに、被害者と事業者がともに予見可能性を持つことができ、また、持続可能性を有するものとする必要がある。
> 　なお、現行の原賠法は、民法第709条（不法行為）の特別法として位置付けられており、引き続きその位置付けの下で制度設計を検討することとしてはどうか。

(関連意見)
○原賠制度の新たな制度設計の検討に当たっては、実行可能性、有効性、説明性の観点からの評価が重要である。
○東電福島原発事故を受け、原賠法第16条の国の措置の具体的な対応として原賠・

廃炉機構法が制定されたが、将来発生し得る原子力事故に適切に備えるため、重大事故が発生しても持続可能性が損なわれることのない強靱なものとして、原賠制度に対する信頼性を確保しなければならない。
○原賠法が民法の特別法であるという考え方を前提とすることは重要であり、被害者保護の観点を欠くことはできない。
○原子力損害賠償は、基本的に民事の損害賠償であり不法行為者が責任を負うことになるが、原子力法体系が環境法体系に組み込まれたことから、環境法上の諸制度も参考になる。

(2) 原賠法の目的規定について

> 現行の原賠法の目的である「被害者の保護」及び「原子力事業の健全な発達」の在り方については、現行の原賠制度がこの2つの目的を果たすために制度設計されてきたこと等の法制定時の経緯及びその後の原子力を取り巻く環境変化を踏まえ、制度設計の見直しに係る具体的な議論を踏まえて検討する必要がある。
> その際、「被害者の保護」を維持することが必要であるとの共通した意見に加え、「原子力事業の健全な発達」に関して、原子力事業者が賠償資力を確保して被害者の保護に万全を期す必要があること、今後も技術開発の必要性が高いこと等の観点から維持することが適当であるとの意見や、原子力事業を含む我が国のエネルギー利用の持続可能性等を踏まえた見直しが考えられるのではないかとの意見があったことを踏まえ、目的の趣旨を整理してはどうか。

(関連意見)
○被害者の保護と原子力事業の健全な発達の両輪がバランスよく機能することが、原賠制度の大前提である。
○民法の特別法としては、被害者の保護が最も重要な目的であり、被害者の保護を万全にするために原子力事業の健全な発達が必要である。
○被害者の保護のための賠償資力の確保の観点から、原子力事業の健全な発達は一定程度意味がある。原子力事業が健全な発達をし、原子力事業者が技術的にも財政的にも健全であることが、適切な賠償に寄与する。
○核燃料サイクルの推進のほか、廃炉等が進む中で、今後とも技術開発の必要性が高いことから、また、規制の枠にとどまらない高い次元の自主的な安全性向上への取組を進めるためにも、原子力事業の健全な発達の規定は必要である。
○原子力事業の健全な発達について、現在の時点において相応しい文言であるか検討が必要である。原子力依存度を可能な限り低減させていくことを考えると見直すべき。
○原子力事業を含む我が国のエネルギー利用の持続可能性等というような言葉が世界的に通じるものであり、そのような形で目的を見直すことも考えられる。

○原子力利用の意義と安全の確保という原子力基本法の精神にしっかりと戻ることが重要である。

(3) 原賠制度における官民の適切な役割分担について

> 　原賠制度における国の役割としては、原子力事業者が無過失・無限の賠償責任を集中して負うとの前提の下、被害者が迅速かつ適切な救済を受けられるよう、原賠法等に基づく様々な措置を講じてきた。他方、東電福島原発事故を契機に、国が前面に立って役割を果たすべきとの意見や国の役割を明確化すべきという意見がある。
> 　エネルギー政策における原子力の位置付け、原子力災害及び原子力損害賠償の特殊性を踏まえ、原子力事業者や国の役割を明確にした上で、損害賠償措置、原賠法第16条に基づく国の措置、被害者救済手続等に関する見直しの検討を進めていく必要がある。
> 　また、原賠法における国の責務の規定の必要性及び規定する場合の内容については、原子力事業者の責任の範囲、損害賠償措置、原賠法第16条に基づく国の措置等に関する議論を踏まえ、損害賠償における具体的な国の責務の内容を明確にした上で、他の法律における国の責務に係る規定を参考としつつ、検討してはどうか。

(関連意見)
○原子力事故の態様等に応じて、柔軟に国の援助の体制を考えておかないと、様々な事故に適切に対応できない。その時の立法者が合理的に国民の納得を得られる形で制度設計するという基礎を作り上げていくことが最も重要である。
○残留リスクとして残るような過酷事故に対して、国の責任がいかにあるべきかという考え方が重要である。他方、残留リスクに関しては誰が責任を負うのかはっきりせず、これを損害賠償と結びつける必要はない。
○国には国策として原子力政策を推進しているという社会的責任に加え、全被災者を救済するという意味での社会的責務もある。原子力事業者による賠償では足りない部分は、最終的に国が責任を負い、補っていく、実質的に負担していくという措置が必要である。
○原賠・廃炉機構法第2条に国の責務に関する規定があるが、原賠法にも何らかの形で国の責務に関する規定を置くことも考えられる。

Ⅱ．原子力損害賠償に係る制度の在り方
＜１．無過失責任、責任集中＞
 (1) 原子力事業者の無過失責任について

> 原子力事業者の無過失責任については、我が国が締結しているCSCを踏まえ、危険責任の考え方に立ち、被害者の保護を図る必要があることから、現行どおりとすべきではないか。

 (2) 原子力事業者への責任集中及び求償権の制限について

> 原子力事業者への責任集中及び求償権の制限は、我が国が締結しているCSCを踏まえ、現行どおりとすべきではないか。

（関連意見）
○原子力事業者への責任集中及び求償権の制限は、関連事業者による資機材の安定供給の確保及び保険の引受能力の最大化を図る必要があることから、現行どおりとすべき。
○賠償請求は資力のある請求先が多ければ多いほどよいというのが基本であるが、原子力事業者に責任集中し、それ以外の者を免責にしても、被害者保護に欠けることはないという考え方でよいか。
○原子力事業者の責任集中を維持する最大の理由は、法的安定性のためと考えられる。
○原賠法では、製造物責任法に基づく被害者からの関連事業者に対する賠償請求を認めていないが、原子力事業者に賠償責任が集中することには合理性があると考え、引き続き現行どおりとすべき。
○原子力事業者への責任集中の原則の立法趣旨に鑑みれば、国家賠償法に基づき故意又は過失による賠償責任が認められる場合にまで免責とする趣旨ではないと考えられる。

第 1 章　原子力損害賠償法の改正動向

＜2．責任の範囲、損害賠償措置、原賠・廃炉機構＞
(1) 責任の範囲について
　ⅰ) 有限責任
　　①原子力事業者の責任制限について

> 　原子力事業者の責任の範囲について、現行の原賠法では、民事責任の一般原則である無限責任としている。このことについて、今後の原子力事業者の担い手を確保するためには、民間事業者が自ら管理できる範囲を超える賠償の負担を負わないという意味での事業の予見可能性を確保することが必要であり、原子力事業者の賠償責任を制限し、有限責任[注]とすべきとの意見がある。
> 　他方、原子力事業者を有限責任とした場合に、過失等が認められる場合における責任制限の適用の考え方に関する意見や、安全性向上に対する投資の減少という事故抑止の観点からの課題を指摘する意見がある。また、原子力事業者を有限責任とし、被害者の賠償債権を制限することとなる場合には、原賠法制定時の議論において財産権保護の観点から憲法上の疑義が示されていることに加え、原子力事業者の責任制限を超える部分の補償について、後述のとおり、新たな制度設計を行う上での課題を検討する必要がある。
> 　また、原子力事業者を有限責任とした場合の責任限度額、損害賠償措置等の制度設計の検討に当たっては、重大事故への備えとしては、相当高額の責任限度額を設ける必要があるとの指摘に留意する必要があるのではないか。

注) この場合の有限責任とは、原子力事業者が有する被害者への賠償責任を一定の額で制限し、それを超えるものについては免責とするものである。

(関連意見)
○過酷事故を想定した高い責任限度額を設けることで、原子力事業者の責任を明確にしていくべき。
○最後は国が責任を持つべきという意味で、原子力事業者を有限責任とすべき。
○被害者の賠償債権を制限することになった場合、原賠法制定時の議論であったように、財産権の保護の観点から憲法上の疑義がある。
○他の産業事故との関係で、原子力事故についてだけ、本来は原子力事業者が負うべき賠償負担を国民が負担する理由が明確でない。
○原子力事故の原因に過失等が認められる場合にも、原子力事業者の責任を制限するのか。また、悪質な法令違反事故を誘発する余地のある有限責任論は、慎重な検討が必要である。
○故意・過失が損害賠償の争点にならざるを得ない仕組みとなり、賠償のプロセスを設計する際に、相当難しい判断となることが懸念される。
○原子力事業者が無限責任を負うこととしないと、安全に対する投資が減り、事故

の抑止という観点から問題がある。他方、シビアアクシデントへの抑制機能が落ちるのではないかという懸念に対しては、自主的安全性を向上させるための環境整備に担保を求めるべきであり、有限責任化とは別の議論である。
○原賠制度の対象となる施設は多種多様であり、原子力事故のリスクが異なることを踏まえて責任限度額をどのように設定することが適切か。また、人の生命又は身体に係る損害について留意すべき。
○賠償総額が限度額を上回った場合、別途、民法の過失責任で賠償を請求されることとなる。

②責任限度額と損害賠償措置等との関係について

　原子力事業者に責任限度額を設けることとした場合、現行の原賠制度が義務付けている損害賠償措置（責任保険契約、政府補償契約等）、原子力事業者による相互扶助、原賠法第16条に基づく国の措置について、どのような形で賠償に充てるべきかの整理が必要である。責任限度額の範囲をカバーするこれらの措置の制度設計については、原子力事業者と国の責任の分担及び負担割合の観点から検討してはどうか。例えば、一定の責任限度額を設けた上で、その範囲の一部をカバーする政府補償契約による賠償措置額を大幅に引き上げるとともに、責任限度額を超える損害について税による国の補償を新たに設けることとなると、税による国民負担の大幅な増加につながるのではないか。

（関連意見）
○現在の保険市場においては、責任保険契約における賠償措置額を数兆円のレベルまで引き上げることは全く不可能である。
○保険会社の引受能力に限りがあるとすれば、賠償措置額を大きく引き上げる場合には、政府補償を上げざるを得ない。
○発生率の低い過酷事故への備えとして保険的な要素を組み合わせていくことに疑問がある。過酷事故が発生する確率と保険料負担との見合いを考えなければならない。
○原子力事業者の安全性への努力を担保するために、リスク評価について、政府補償契約における補償料率の算定等に組み込んでいくことが考えられる。

③原子力事業者の責任限度額を超える損害が生じた場合の対応について

> 原子力事業者を有限責任とし、被害者の賠償債権が制限されることとなると、被害者保護の観点から、原子力事業者の責任限度額を超えた損害について、国による補償を行うなどの措置により、被害者の保護が適切に継続される必要があると考えられる。この場合、国が被害者に直接補償するための根拠等を整理するとともに、国による補償を行うために必要となる体制、手続、財源等の制度設計について検討してはどうか。
> なお、国による補償を行うに際して税による国民負担を求めることとなる場合には、原子力事業者のステークホルダー（株主、金融機関等）に公平な負担を求め、一定の責任を負わせるべきとの意見に留意する必要がある。

（関連意見）
○国による補償を行う場合、原賠法に明確な根拠規定を設ける必要がある。
○税による国民負担が発生することとなるが、ステークホルダーの負担をどう考えるか。何らかの意味での会社、株主、債権者にも責任をとってもらうということが必須である。
○法的整理を前提にした制度とすることは、慎重に検討すべき。
○国による補償となった場合に、被害者間の公平性の担保、迅速かつ適切に補償を受けるための体制等の整備が必要である。
○原子力損害賠償は基本的には私人間の損害賠償義務の話であり、税による国民負担をする場合の理由については相当慎重に考える必要がある。
○国民は、原子力を含んだ発電を利用する医療等のインフラによって利益を享受しており、これが税負担を正当化する理由となる。
○他の災害との均衡を考えながら、原賠制度における国の責任を明確にすることが国民の原子力に対する信頼・理解につながる。

ⅱ) 無限責任
①原子力事業者の無限責任について

> 現行の原賠法では、民法の一般原則と同様に原子力事業者を無限責任とし、責任保険契約、政府補償契約等による損害賠償措置を義務付け、加えて、原賠法第16条に基づく国の措置により賠償資力を確保することで、被害者への適切な賠償が行われる制度としている。しかしながら、東電福島原発事故を契機として、現行の原賠制度についての様々な課題が指摘されており、現行どおり原子力事業者の無限責任とした場合でも、指摘されている課題を解決するために損害賠償措置等の制度設計を見直す必要があるのではないか。
> 他方、次のような意見があり、これらも併せて検討してはどうか。
> ①国は、原子力政策を推進していること、立地自治体に大きな安心感を与える等の理由から民法第715条(使用者等の責任)に類する責任を負うこととし、過失の程度・関与度・資力・経緯等を総合的に考慮して公平な負担を図るべきである。
> 　なお、検討に当たっては、国と原子力事業者との間の求償関係、原子力事業者への責任集中、免責の場合の扱い等の法的課題の整理について留意する必要があるのではないか。
> ②原子力事故の態様に応じて、柔軟な国の援助体制を考えておかないと、様々な事故に適切に対応できない。その時の立法者が合理的に国民の納得を得られる形で制度設計すべきであり、そのために、原賠法第16条及び第17条の規定を改正し、事故の性格に応じて、国が応分の負担をするという制度設計とすべきである。

(関連意見)
○現行の原子力事業者の無限責任は、損害賠償措置等の枠組みと相まって、被害者にとって適切な賠償が確実に行われることが予見されるものである。
○不法行為の機能として、損害の補填以外にも、事故の抑止等の機能があることに留意すべき。
○民法の一般原則が無限責任とされている中で、原子力事業者だけを有限責任という形で優遇することは妥当ではない。
○原子力事業者が無限責任で賠償を担保してくれるということが、立地住民等にとっての安心感に繋がる。
○いかなる形で国の役割を実現するのかということは、事故の性格によって全く違う。軽微な事故であれば、民事の責任の形で基本的には解消できるが、東電福島原発事故の場合について、国の補償責任の観点から、十分な措置がなされてきたかという点について吟味しなければならない。
○過失の程度、関与度、資力、経緯などを総合的に考慮して、損害の公平な負担を

図る形が適切である。また、あらかじめ被害や賠償を類型化した上で、国と原子力事業者の関係を整理すれば、責任の在り方を見えやすくすることができる。
○国に請求して、その求償が適切になされるか、求償した時に拒否されるというリスクが出てくる。
○新しい規制制度を作った際の議論において、原子力施設の安全性の不断の向上を賠償と結びつけたことは一切ない。原子炉等規制法に基づく規制に関する故意・過失については国家賠償の問題となるが、規制を行っていること自体から賠償責任が生じるとすることは難しい。
○規制と賠償責任は直接結びつかない。原子炉等規制法に基づく規制に関し瑕疵、違法、故意過失については、国家賠償の問題になり、それを行っていること自体で賠償責任が生じるとすることは難しい。
○原賠法は民法の特別法であり、原子力政策が国策であること、国がそれに伴う社会的な責任を負っていること等が、国の賠償義務を必然的に導くわけではない。
○国と事業者との連帯責任とした場合には国が賠償の当事者となることから、紛争審査会、ADRの在り方について留意する必要がある。

②損害賠償措置について

> 現行の原賠法では、責任保険契約、政府補償契約等の損害賠償措置を原子力事業者に義務付けることにより一定の賠償資力を確保している。東電福島原発事故の経験を踏まえると、現行の賠償措置額は重大事故のための備えとしては過小ではないかという意見があり、重大事故への備えとしての損害賠償措置の役割に留意した上で、賠償措置額を引き上げていくことについてどのように考えるか。
> また、責任保険契約については、国際的動向、責任保険の引受能力等を踏まえてこれまで見直しを行ってきたが、大幅な引上げは困難との意見がある。仮に、責任保険契約でカバーできない場合、政府補償契約その他の措置での対応の可否、カバーする範囲及び原子力事業者の負担割合（補償料率）について検討する必要があるのではないか。

（関連意見）
○現在の保険市場においては、責任保険契約における賠償措置額を数兆円のレベルまで引き上げることは全く不可能である。
○保険会社の引受能力に限りがあるとすれば、賠償措置額を大きく引き上げる場合には、政府補償を上げざるを得ない。
○発生率の低い過酷事故への備えとして、高額な賠償措置額を設定し、保険的な要素を組み合わせていくことが適切なのか、疑問がある。過酷事故が発生する確率と保険料・補償料の負担との見合いを考えなければならない。保険的な制度よりも共済的な相互扶助機能を高めていく方が適切ではないか。

○原子力事業者の安全性への努力を担保するために、政府補償契約における補償料率の算定に安全性への努力というものを組み込んでいくことが考えられる。

　③原賠法第16条に基づく国の措置について

> 賠償措置額を超えた場合の原賠法第16条に基づく国の措置について、原子力事業者の責任の範囲及び損害賠償措置等に関する議論と併せて引き続き検討してはどうか。

（関連意見）
○原子力事業者の無限責任を前提として、場合によって、諸事情を勘案して国が国会の議決をもって、事業者の負担を軽減すべきではないか。
○原賠法第16条で規定されている国の援助に関して、もう少し具体的な仕組みを作っておいた方が適切ではないか。
○賠償措置額の上限を超えるような過酷な原子力災害のシナリオの不確かさを踏まえると、想定し難い大規模な災害に適切に備え、被害者の保護を行うために国が関与するという考え方をとることは合理的ではないか。
○原因者負担原則の下、国がまず被害者に賠償金を支払い、後に事業者に求償するということを考えるべきではないか。

(2)　原賠・廃炉機構について

> 　原賠・廃炉機構制度は、原子力事業者による相互扶助スキームとして、今後、賠償措置額を上回るような巨額の原子力損害が発生した場合でも対応できるような備えを担保するものであると考えられ、損害賠償措置と併せて維持すべきではないか。
> 　原賠・廃炉機構の負担金制度については、将来の事故に備えるために同機構が要する費用を定量的に規定することは困難であり、原子力事業者の経営状況等に配慮した上で柔軟に定めることとされているが、電力システム改革等を踏まえてどのように考えるか。

（関連意見）
○事故を起こした原子力事業者が相当長い時間をかけて国庫納付をしていくことを考えれば、その時々の負担金額に若干の柔軟性を持たせないと事業者が破綻する可能性もあり、やむを得ない面がある。最終的に国庫へ全額納付してもらうことが極めて重要である。
○現行の相互扶助制度では、その時々の事情により負担額が変わるため、事業者負担の予見可能性が確保されていない。
○電力システム改革を受け、原子力事業者が一般負担金を支払い続けることに関し

て、持続可能性の問題がある。
○原子力事業者の予見可能性を高めるために特別負担金及び一般負担金の額を定めてしまうと、原子力事業者にとっての負債性を高めてしまうことになる。
○一般負担金は相当の部分が東電福島原発事故の賠償に充てられており、将来の積立てがどの程度なされているかは必ずしも明らかではない。
○原賠・廃炉機構法により、被害者にとっては損害賠償の予見可能性が明らかになり、被害者保護が確実に担保されるとともに、事業者にとっては賠償措置額を上回る賠償に対しても事業の継続が担保されている。このシステムの見直しに当たっては、どこにどのような具体的な問題点があり、改革の必要性があるのかという理由、妥当性を明らかにすべき。

＜3．原子力事業者の法的整理＞

> 現行の原賠制度は、損害賠償措置や原賠・廃炉機構による資金援助等を通じて、賠償措置額を超える原子力損害を発生させた原子力事業者を債務超過にさせないことにより、被害者への迅速かつ適切な賠償や事故収束作業・廃炉作業等を行うことが可能な仕組みとなっているのではないか。このため、原子力事業者の法的整理については、賠償の観点からだけでなく、電力システム改革による事業環境変化の下での原子力事業の位置付けや事故処理の在り方も含め、電力事業全体の課題として検討される必要があるのではないか。
> 　他方、電力システム改革により原子力事業者の事業環境が変化しており、賠償に当たって、事業者の法的整理を前提にする必要があるとまではいえないが、税による国民負担を求める際にはステークホルダーに公平な負担を求めるべきとの意見を踏まえ、原子力事業者の法的整理について、どのような手続、方法があり得るか等の法的な課題について整理してはどうか。

（関連意見）
○原子力事業者の法的整理等の議論を行う場合には、事業規模や今後の電力自由化の進展を考慮して検討していく必要がある。また、電力システム改革の中で電力会社の破綻の可能性や原子事業の位置付けは論じられておらず、原賠制度の観点だけで議論すべきではない。
○法的整理がなされる可能性が出てくると、その時点で原子力事業者の資金調達等に支障が出る懸念がある。
○東電福島原発事故後に法的整理が選択されなかった経緯等を考慮すると、支援を求める前提条件として法的整理を求める制度設計は、被害者の保護や原子力事業の健全な発達という原賠制度の趣旨にそぐわない。
○事故を起こした事業者が、原賠・廃炉機構のスキームを利用せず、自ら法的整理の申立てをするということも、特に小規模の原子力事業者の場合はあり得ないわ

けではない。損害賠償に関して、事業者が破綻した場合どうなるかということについてシミュレーションを行いきちんと考えるべき。
○市場ルールを逸脱しない形で賠償責任を果たしていかなければならない。破綻させない支援措置を原子力事業者に特別的に与えるということは適切なのか。

＜４．免責規定、原賠法第17条＞
　(1)　免責規定について

> 　原賠法第３条第１項ただし書の免責規定について、被害者の保護という法目的に照らし、免責事由を不可抗力よりも更に狭い非常に稀な場合に限定している立法趣旨等を踏まえ、また、我が国が締結しているCSCでも免責が認められていることから、原子力事業者の免責は維持することとしてはどうか。なお、免責規定の適用に当たっての予見可能性や透明性の確保の必要性等に関する意見を踏まえ、免責規定の適用の在り方について検討してはどうか。

（関連意見）
○免責を非常に稀な場合に限定しているということは、そのまま踏まえていくべきではないか。他方、民間事業者に過酷にならないような制度設計を検討すべき。
○国際条約と整合性を取っていくという形で整理してはどうか。
○免責をどのような範囲で考えるかは非常に重要な問題であり、安全目標の考え方を通じて検討してはどうか。
○原因競合の問題をどう取り扱うか。
○事故の直後には冷静な判断が困難状況に陥ることが想定されるため、専門家によって構成される独立機関があらかじめ定められた基準に基づいて免責規定の適用可否を判断するような手続の導入が必要である。また、透明性の高いプロセスの導入が求められている。
○国民が納得して情報を受け取れるような仕組みは確保すべき。
○最終的な判断は裁判所が行うので、それまで時間がかかってしまうという問題があることに留意すべき。

　(2)　原賠法第17条に基づく国の措置について

> 　原子力事業者が免責となる場合における原賠法第17条に基づく国の措置については、原子力災害対策特別措置法、災害対策基本法等の関係法令に基づき必要な措置が講じられることとされている。その上で、原子力事業者が免責となるような原子力事故が発生した場合について、法目的である被害者保護の観点からどのように備えるべきか。

（関連意見）
○免責規定が適用された場合に、国が救済することについてあらかじめ規定しておくべき。
○非常に被害が大きかった場合、財政的な負担を含めて、賠償とは別な形のスキームが考えられる。それにどう備えるかは国の行政の仕組みの問題である。

第2章

東電による賠償支払の実態と ADR 和解実務上の課題

原子力損害賠償・廃炉等支援機構理事
弁護士
丸島俊介

原子力損害賠償・廃炉等支援機構の理事を務めております。主として賠償に係わる被害者の相談・情報提供等の支援業務を担当しております。その関係から東京電力による賠償の支払状況、そして機構が行っております相談事業の状況、そしてまた先程お話がありましたADRセンターへの申立てと紛争解決の状況等について全体の概況を報告させていただきます。

1．賠償金支払状況

お手元の資料は、東京電力ホールディングスからの情報に基づく、損害賠償の状況についての参考資料（P.65〜）をお付けしておりますので、それを適宜ご覧いただけたらと思います。

この資料は平成27年の12月末時点でのものでございます。いずれも東京電力から提供されたデータをまとめたものでございます。丁度このシンポジウムの第1回目が行われたのが約2年前ですが、その際には、平成25年末時点での今回と同様の損害賠償支払状況を報告させていただいております。今回は、その後の進捗状況等を中心としてご説明させていただきたいと思いますので、よろしくお願いします。

①賠償金の累計支払額の推移

まず、P.66でございますが、賠償金の累計の支払額の推移でございます。直近の平成27年12月末で本賠償の合計額が5兆8,000億円となっております。現時点で申しますと、約6兆円のレベルに達しております。この棒グラフを見ていただくとお分かりのとおり、ほぼ同じくらいのペースでそれぞれの項目の金額が増えておりますが、一番下が自主的避難の方を除く個人の賠償であります。

自主的避難のところの金額は一定の枠の中で納まっておりますが、法人・個人事業主、それから団体とありますが、これは農協であるとか漁協であるとか、最近であれば除染に関する費用等、関係省庁からの請求

などが含まれております。

　新たに住居確保損害というものであるとか、あるいは営業損害、風評被害、将来分の賠償などが、この間、トピックになっている新しい賠償項目でありまして、そういう賠償が引き続き積み重なってこのような金額となっております。

②賠償の概要（その１）地域別

　これは地域別に見た推移であります。当然のことながら総額の５兆8,000億円のうちの８割弱、４兆4,500億円が福島県内の損害ということであります。この割合は２年前とほぼ変わりません。２年前の福島県内の損害賠償額２兆4,000億円、これが４兆4,000億円まで今増加しています。全体を見ると関東地域の賠償の割合がパーセントとしては少し下がっております。その分、除染、その他とあり、この「その他」の割合が増えています。右の注のところに書いてあります、国直轄除染、環境省等への賠償3,898億円がその他の中に新たに含まれてきています。

③賠償の概要（その２）属性別

　こちらは属性別に見たものでありまして、個人と法人・個人事業主と団体等としての仕分けでございます。個人が３兆円超えでありまして、全体の５割を超えております。そして法人・個人事業主が約３割の１兆6,700億円、そして漁協、農協、その他自治体と思われますが、これらの団体等が２割弱ということであります。全体の中で占める個人、法人・個人事業主、団体等の割合はそう大きくは変わっていないように思いますが、法人のところが若干伸びているのかなという感じが致します。

　個人部分については、先ほど申し上げた精神的損害、あるいは住居確保損害などの賠償の支払いが、増加の要因になっています。

④賠償の概要（その３）項目別

　これはさらに個人、法人・個人事業主、団体の損害を項目別にグラフ化したものであります。個人のところでは、財物の損害が２年前の4,900億円から１兆1,900億円へと、大きく増えておりますし、全体の中で占める割合も15％から今回は２割程度に増えています。さらに精神的損害は、全体の中での割合は大きく変わりませんが、金額は２年前の5,300億円から今回9,900億円くらいになっております。

　法人・個人事業主のところですが、法人・個人事業主１兆6,700億円の中で、さらにその下に法人・個人事業主とあるのは、避難対象区域内の法人・個人事業主であります。

　その他にサービス業であるとか、加工・流通業など、避難対象区域外のところでも風評被害やその他様々な損害が発生しております。これらを合わせて法人・個人事業主の総合計額が１兆6,700億円という金額になっています。

⑤個人への賠償（その１）損害項目別〔自主的避難を除く〕

　ここからは個人についての損害項目別でありますが、先ほど申し上げたように、財物、精神的損害、就労不能損害など、いずれも金額的には増加しておりますが、全体の割合は２年前と大きくは変わっておりません。財物については、先ほど申し上げた住居確保損害、これは移住、移転を余儀なくされたことにより新たなに住居を確保するための賠償ということで、住居確保損害という概念を新たに立てたということであります。

⑥個人への賠償（その２）自主的避難　地域別

　⑥がいわゆる自主的避難の地域の方々への賠償ということであります。これは①のところで対象となる23市町村についての第１期分、平成23年３月から12月分、それから第２期分、平成24年１月から８月分ということで、対象が延べ315万人ということになっています。自主的避難

⑦個人への賠償（その３）自主的避難　金額別

そのさらに内訳です。自主的避難の方々については、具体的な金額はさまざまに細かく整理されております。右の下のところに支払額8万円、20万円、40万円、それから60万円というふうに、いろいろな類型別に書かれております。それに従ってこの円グラフは総額と人員とを示したものであります。支払額8万円、これは23の市町村で子供さんや妊婦以外の方への支払額でありますが、対象となる方が117万人ということでありますので、金額としては933億円になります。

金額の多いところでは④。これは23の市町村で避難された子供と妊婦の方々への支払額、60万円ですが、対象となる方が22万人おられまして大きな金額となっております。ただ自主的避難の方々については、ほぼ対象となる方々は支払いが終わっておりますので、この数字は前回25年末の数字とほぼ同じ程度の金額であるということでございます。

⑧法人・個人事業主への賠償（その１）　業種別

ここからは法人と個人事業主であります。この中では、金額の大きいところでは、①の避難対象区域内の法人・個人事業主さん、これが13万7,000の法人に対して4,697億円となっております。

次に②のサービスなど観光、加工・流通、製造の下の方になります。避難対象区域外の欄でありまして、風評被害等などによる損害というのがこの中に入っております。ここも件数が約27万法人ということで、金額も6,853億円でありまして、このような風評関係の被害、損害賠償の申し出というのは、後に申しますADRなどにも結構な件数が来ておりまして、これらの損害が今後いつまで続くのか、相当因果関係の範囲がどこで認められるかなど、難しいところがある領域になるかもしれません。また農業の587億円、ここも同様の問題があるだろうと言われております。

⑨法人・個人事業主への賠償（その２）　地域別

　ここは地域別の数値であります。これは当然のことながら福島県が突出して多いわけでありまして、避難対象区域内①と対象区域外を合わせて、1兆6,708億円という全体のうちの7割ということになります。金額的には2年前の平成25年末が5,200億円でありましたので、ほぼこの2年間で倍額になっているということであります。

⑩財物賠償　損害項目別

　⑩は、財物賠償に焦点をあててグラフ化しております。財物の賠償について個人賠償のところでありますが、これは、宅地・建物・借地権、こういうものの損害賠償が一番多いのでありまして、全体の約6割、7,500億円を占めております。それから家財、そして左の方になりますが住居確保に関わる費用、これが2年前のシンポジウムの後に、新たに加わった損害項目であります。

　この住居確保損害は、移住を余儀なくされた方々ということでありますが、住居確保損害賠償を請求する可能性がある所帯数というのは潜在的には2万4,000世帯くらいかと見込まれております。潜在的という意味は、中間指針二次追補で、これは移住等について合理的理由がある場合に限るというふうにされておりますので、そういうことを念頭において潜在的ということで申し上げたわけであります。住居確保損害賠償の請求は、現実に約8,000件の請求が東京電力に来ているという状況にあります。まだこれから先、元の住まいに戻られるのか、そのまま移転先で新たに居住されるのか様子見をされている方々もおられるというふうに聞いております。したがって、この部分は今後どの程度の増加になるかはまだ分かりませんし、相談事業の中でも住居確保損害の相談は引き続き続いているという状況でございます。

⑪団体等への賠償

　団体等への賠償は、JA関連、農業が5,000億円、JF関連、漁業が

1,200億円、それから先ほどから出ております国の除染関係で、環境省が3,653億円と、大きくはこの３つでございます。

２．賠償金の請求状況

⑫個人からの請求（その１）請求者推移〔自主的避難除く〕

今までの⑪までは東京電力からの損害賠償の支払状況を見ましたが、⑫からはそれらについての請求者の側からみた請求状況ということであります。まず⑫は請求された方の内訳です。個人の請求につきましては、東京電力が仮払補償金を支払った方が約16万5,000人ほどになりますが、そのうちほぼおおかた16万4,000人の方々が本賠償の請求書を受け取っているとのことでございまして、対象となる方の99％が請求済みということであります。まだ請求されていない方が1,000人余り残っているといわれており、現在も毎月少しずつ減少していますが、未請求で残っている方は住民票は福島にあるものの、もともと県外に住んでおられた方であるとか、東京電力の関係者であるとかということで、おおかたの方々は請求手続きを取っておられるということであります。

⑬個人からの請求（その２）請求書受領状況〔自主的避難除く〕

これは人数でなく件数からみた状況でありますが、個人の請求については東京電力は累計で86万件の請求書を受領しております。２年前の平成25年末で53万件でしたので、件数とすれば30万件ほどこの２年間に増えているということであります。このように請求件数の伸びは、右肩上がりとなっています。これは、この間にも、先ほどから出ております住居確保損害、あるいは精神的損害、追加賠償等々が新しく出ておりますので、それらを含めて、件数そのものは引き続き増加をしているということであります。

⑭個人からの請求(その3)請求書受領状況〔自主的避難〕

　これは自主的避難の方々であります。これは、事前にあらかじめ印字した請求書類を対象世帯330万件にお送りし、その方々が請求書を受け取っておられます。これは、この棒グラフにありますとおりに、一時期に集中的に迅速に支払われてきたという経過を示しているものでございます。

⑮法人・個人事業主からの請求(その1)請求者推移〔農業・漁業を除く〕

　これは法人・個人事業主からの請求でありまして、東京電力は昨年末段階で約7万7,000者から本賠償の請求書を受領しております。2年前の平成25年末が約6万者でありましたので、その後の人数の増加は約3割程度の増加ということでして、この線グラフも緩やかな伸びになっているかなと思われます。

⑯法人・個人事業主からの請求(その2)請求書受領状況〔農業・漁業を除く〕

　これは同じく件数でみた傾向であります。累計28万件ということになっておりまして、分野別の内訳は下の棒グラフをみていただくとお分かりのとおりでございます。

　ひととおり見てきましたが、東京電力による賠償支払状況の全体像は概ね以上のとおりでございます。

3．支援機構の相談事業の概要

　お手元の資料にはないところではありますが、私どもの原子力損害賠償・廃炉等支援機構の相談事業の概要についても若干ご報告をさせてい

ただきます。

　機構では平成23年10月の設立以来、福島県内、それから福島県外、被害者のおられる全国各都道府県に及びますが、原子力損害に関する被害者の方のための説明会やあるいは相談事業等、こういうものを精力的に行ってまいりました。

　福島県内では、巡回型の相談と常設型の相談ということを実施しておりまして、相談と情報提供を合わせると福島県内外で延べ３万5,000件あまりということになっております。

　特に福島県内では常設型というところでは、福島市内、郡山市内、いわき、南相馬、会津などで常設型の相談会を継続して実施しております。それから、仮設住宅や借り上げ住宅などに機構の職員らが訪問して、そこで相談会を実施するという巡回型の相談事業も実施しております。最近では、復興公営住宅での相談事業も始めています。

　大体毎月のスケジュールをみますと、このような常設あるいは巡回の相談会というものがざっとみて現在でも月40回とか50数回とか、それくらいの規模で実施しております。

　また、福島県外では、東京本部は勿論のことですが、全国の各都道府県ではそれぞれの地域の弁護士会のご協力を得て委託事業の形で相談を受け入れる体制を作っております。

　それからもう一つは、中間指針二次追補にあります住居確保に関わる損害について、この制度自身もなかなか複雑なところもありますし、関心も非常に強うございますので、平成26年２月以降、この住居確保損害を主なテーマとした相談会を関東各地の主として避難者の方々がおられる地域を中心として順次行っております。

　このような形で、支援機構は、相談事業を続けておりますが、相談件数そのものはさすがに平成24年、25年、26年とピーク時から比べれば減少し、毎年相談件数自体は落ち着きをみせてきておりまして、当初は上半期半年で5,800件程度ございましたがその後4,000件台に推移し、平成26年には上半期は3,400件、下半期には2,800件というふうな状況であり

ます。昨年の平成27年は上期、下期とも2,200件台ということでございます。

　このように全体の件数自体は落ち着きをみせているわけでありますが、それだけに残された相談案件というのは、複雑困難な案件、つまり、救済を求めておられるがそれが損害賠償の対象として、なかなか理論的にも実務的にも難しい問題も残しているような複雑案件もありまして、引き続きこうした相談事業に対するニーズはあるというふうに考えております。

　それから、まだ、住居確保損害についての説明を聞いたことがないという方々もおられますし、各相談会では、毎回一定の割合の方が、初めて相談に来たという方でありまして、引き続き、きめ細かい相談事業を続けていきたいと思っております。

　最後に、ADRセンターの概況について申し上げたいと思います。ADRセンターは、平成23年9月から申立てを受け付けております。毎年の申立件数は1年ごとに申しますと、平成24年の1年間で4,524件、平成25年が4,091件、平成26年が5,217件とピークを迎えておりました。しかしながら、平成27年は、件数は4,239件ということで、ピークを過ぎたかなという印象を持っております。しかし、集団案件などの件数については件数のカウント方式を改めましたので、従来のカウント方式をあてはめますと4,700件くらいになるのではないかと思います。

　平成26年をピークとして件数そのものはピークを少し過ぎた感じであると申しますのは、毎月の申立件数が400件あるいは500件を超えるというのが平成26年にはございましたが、平成27年後半あたりからは、だんだん減少傾向にあり、平成28年に入ってからは月間200件台から、多くても300件台という状況になっております。ただ、集団申立事件については、なかなか難しい案件が残っているというふうに聞いております。

　また、営業損害、これは風評被害などを含めてですが、過去に申立てをして和解した方が、同一案件について新たな期間分を引き続き請求されるという案件がございます。この種の案件については、もともと和解

で解決したときに、東電からすると、相当因果関係などについて異論がありつつも、和解解決を図る趣旨で一定の賠償に応じてきたわけですが、年月が経つにつれて、原発事故と売上げ減少との間の相当因果関係について東電からの疑問がより強くなります。

しかし、ADRとしては、一挙にある時点から因果関係なしで損害なしとは言い難いというところもありまして、徐々に寄与の割合を減じていくということになるのですが、その評価をめぐって、解決のしかたが難しい案件が増えているというふうにも聞いております。

したがって、件数は減っておりますが、一件一件の紛争解決に至るまでのプロセスというのは、やはり以前に増して丁寧にしなければならない事案も増えているということでありまして、仲介委員と調査官は従前の体制で取り組んでおります。仲介委員が約280名程度、調査官が200名を切る体制でありまして、この体制自体は、引き続き今も維持して取り組まなければならない、そのことによってできるだけ申立から早い段階で、6か月、あるいは数か月、そういう単位くらいで解決するように、ADRとしても努力しているというところが現状でございます。全体としてはADR申立件数は、この5月の段階の直近の締めで2万件を超えております。

平成28年5月30日現在の総申立件数は、2万0,013件という件数でありまして、このうち既済件数、つまり解決済みの中には取り下げ等もございますが、既済件数としてカウントされているものが1万7,376件ということで、約85%が解決されているということがありまして、課題は沢山ありますが、このADRがなければ、今回の原発事故による膨大な損害賠償案件の解決もなかなか難しかったのではないか、その意味ではADRセンターは大きな役割を果たしているだろうというふうに思います。

なお、全体の賠償金支払状況との関係で申しますと、先ほど東電全体としては賠償金支払状況は6兆円を超えているということでありますが、ADRで解決し支払われた金額そのものは2,395億円ということで

ありますので、金額の面で申しますと、ADRの手続きによらず解決し支払われた部分というのが金額としては圧倒的な金額になるということであります。

　しかし、一定の困難案件はADRの中で解決されてきたということでありまして、これ以外に訴訟になっている案件が、正確な数は分かっていませんが、だいたい200件くらいあるのかなと思います。全体として訴訟案件はそれくらいでおさまっているというのも、ADRの一定の達した役割が大きかったのではないかというふうに思っております。

　私からのご報告は以上のとおりということにさせていただきます。ご清聴ありがとうございました。

参考資料

東電による賠償支払の実態と ADR和解実務上の課題

原子力損害賠償・廃炉等支援機構
理事/弁護士　丸島俊介

目　次

東京電力ホールディングによる損害賠償の状況等
Ⅰ．賠償金の支払い状況
① 賠償金の累計支払額の推移
② 賠償の概要（その1）地域別
③ 賠償の概要（その2）属性別
④ 賠償の概要（その3）項目別
⑤ 個人への賠償（その1）損害項目別〔自主的避難除く〕
⑥ 個人への賠償（その2）自主的避難　地域別
⑦ 個人への賠償（その3）自主的避難　金額別
⑧ 法人・個人事業主への賠償（その1）業種別
⑨ 法人・個人事業主への賠償（その2）地域別
⑩ 財物賠償　損害項目別
⑪ 団体への賠償

Ⅱ．賠償金の請求状況
⑫ 個人からの請求（その1）請求者推移〔自主的避難除く〕
⑬ 個人からの請求（その2）請求書受領状況〔自主的避難除く〕
⑭ 個人からの請求（その3）請求書受領状況〔自主的避難〕
⑮ 法人・個人事業主からの請求（その1）請求者推移〔農業・漁業除く〕
⑯ 法人・個人事業主からの請求（その2）請求書受領状況〔農業・漁業除く〕

※本資料は、東京電力ホールディングス㈱から提供を受けたデータ（平成27年12月末時点）に基づき、原子力損害賠償・廃炉等支援機構にて取りまとめたものである。

①賠償金の累計支払額の推移

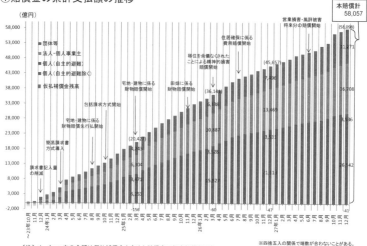

〔注〕1. カッコ内の金額は仮補償金を含めた賠償金の総支払額を示す。
2. 仮補償金は本賠償支払いの際に精算（充当）されるため、順次減少（本賠償へ振替）している。
※四捨五入の関係で端数が合わないことがある。

②賠償の概要 （その1）地域別

■賠償全体を地域別にみると、総額5兆8,057億円中、①福島県が4兆4,598億円（77％）、②関東が4,878億円（8％）等となっている。

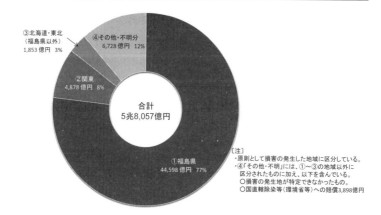

〔注〕
・原則として損害の発生した地域に区分している。
・④「その他・不明」には、①〜③の地域以外に区分されたものに加え、以下を含んでいる。
　〇損害の発生地が特定できなかったもの。
　〇国直轄除染等（環境省等）への賠償3,898億円

第2章 東電による賠償支払の実態とADR和解実務上の課題

③賠償の概要（その2）属性別

■賠償全体を属性別にみると、総額5兆8,057億円中、①②個人が3兆0,078億円（52%）、
③④法人・個人事業主が1兆6,708億円（29%）、⑤団体等が1兆1,271億円（19%）となっている。

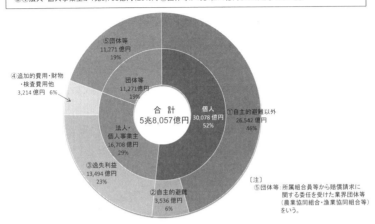

〔注〕
⑤団体等：所属組合員等から賠償請求に関する委任を受けた業界団体等（農業協同組合・漁業協同組合等）をいう。

④賠償の概要（その3）項目別

■賠償全体を項目別にみると、総額5兆8,057億円中、①財物（個人）が1兆1,902億円（20%）、②精神的損害が9,917億円（17%）、⑩法人・個人事業主が4,697億円（8%）等となっている。

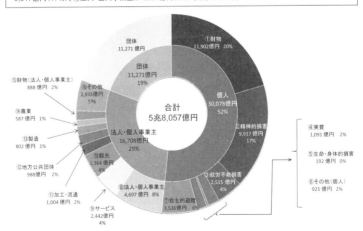

⑤個人への賠償 （その1）損害項目別〔自主的避難を除く〕

■個人への賠償（自主的避難を除く）を損害項目別にみると、総額2兆6,542億円中、①財物が1兆1,902億円（45%）、②精神的損害が9,917億円（37%）、③就労不能損害が2,515億円（10%）等となっている。

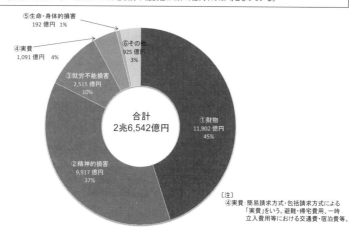

⑥個人への賠償 （その2）自主的避難 地域別

■自主的避難に関する賠償金額は、①②自主的避難等対象区域（23市町村）の被害者の方に3,396億円、③福島県県南地域（9市町村）と宮城県丸森町の被害者の方に140億円となっている。

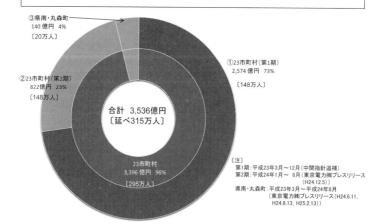

第2章　東電による賠償支払の実態とADR和解実務上の課題

⑦個人への賠償（その3）自主的避難　金額別

■自主的避難に関する賠償金額は、第1期は④支払額60万円の被害者（22万人）に1,329億円、①支払額8万円の被害者（117万人）に933億円、第2期は⑤支払額4万円の被害者（131万人）に523億円等となっている。

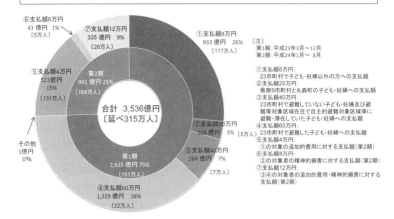

⑧法人・個人事業主への賠償（その1）　業種別

■法人・個人事業主（団体等による請求分を除く）への賠償を業種等の別にみると、①法人・個人事業主（避難等対象区域内）4,697億円（28％）、②サービス等2,442億円（15％）、③観光2,364億円（14％）等となっている。

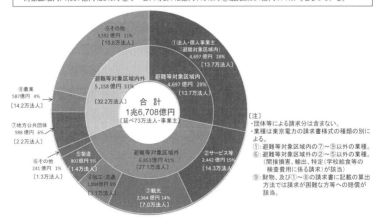

⑨法人・個人事業主への賠償(その2) 地域別

■法人・個人事業主(団体等による請求分を除く)への賠償を地域別にみると、①②福島県1兆1,771億円(71%)、④⑤関東地方3,182億円(19%)等となっている。

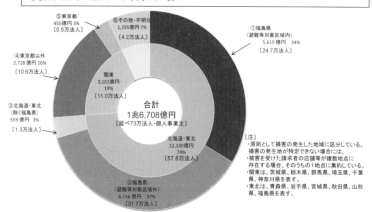

⑩財物賠償 損害項目別

■財物賠償を損害項目別にみると、個人賠償では①宅地・建物・借地権が7,498億円(59%)、②家財が1,563億円(12%)、法人賠償では⑦償却・棚卸資産が694億円(5%)等となっている。

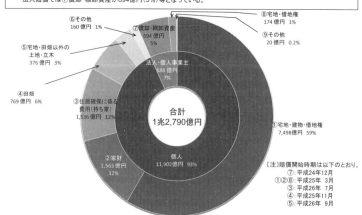

第2章　東電による賠償支払の実態とADR和解実務上の課題

⑪団体等への賠償

■業種別にみると、①農業（JA関連）5,053億円（45%）、②漁業（JF関連）1,262億円（11%）、③国（除染等）3,898億円（35%）となっている。

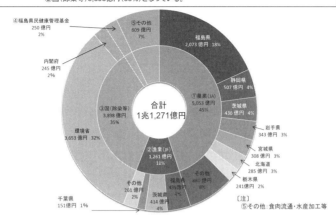

⑫個人からの請求　（その1）請求者推移〔自主的避難除く〕

■個人の請求について、東京電力は仮払補償金を支払った方（約16.5万人）のうち、約16.4万人から本賠償の請求書を受領している。（請求率約99%）

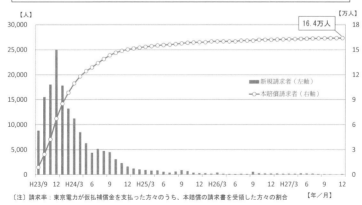

〔注〕請求率：東京電力が仮払補償金を支払った方々のうち、本賠償の請求書を受領した方々の割合

⑬個人からの請求（その2）請求書受領状況〔自主的避難除く〕

■個人の請求について、東京電力は累計約86万件の請求書を受領している。

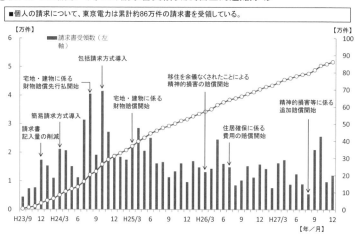

⑭個人からの請求（その3）請求書受領状況〔自主的避難〕

■平成23年3月11日時点で、東京電力は、対象区域の市町村に住民登録されていた方々に、名前や住所などを事前印字した請求書類を送付し、約130万件の請求書を受領している。

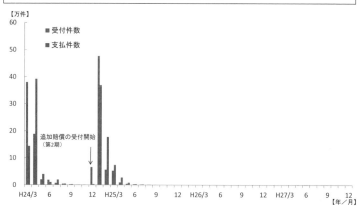

第2章 東電による賠償支払の実態とADR和解実務上の課題

⑮法人・個人事業主からの請求 （その1）請求者推移〔農業・漁業除く〕

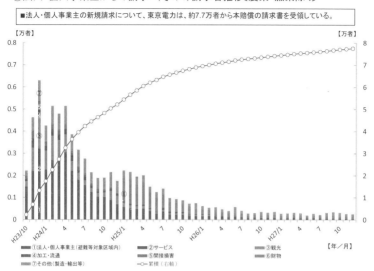

⑯法人・個人事業主からの請求 （その2）請求書受領状況〔農業・漁業除く〕

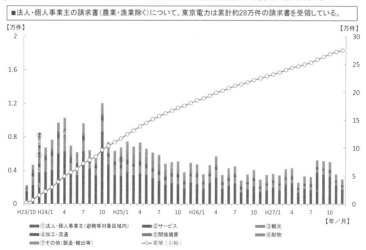

第3章

原子力損害賠償制度の海外動向

学習院大学名誉教授
日本エネルギー法研究所理事長

野村豊弘

1. はじめに

ただ今ご紹介頂きましたように、現在日本エネルギー法研究所理事長をしておりますが、2年前まで学習院大学で民法を担当しておりました。これまで法学研究者として、原子力損害賠償法についてもさまざまな形で関わってきております。そのような経歴から本日の報告を引き受けさせていただいております。

私の報告のタイトルは、「原子力損害賠償制度の海外動向」ということですが、レジュメ（P.92）がございますので、そのレジュメに沿った形でお話をしたいと思います。

2. 原子力損害賠償制度に関する国際的な仕組み

(1) 原子力損害賠償制度に関する国際的な枠組み

最初に原子力損害賠償制度に関する国際的な仕組みということで、世界の状況がどうなっているのかということを簡単にお話ししたいと思います。日本がCSCに昨年加盟しましたが、その時に外務省のホームページの中にCSCについての説明がありまして、原子力損害賠償制度に関する国際条約の概要という資料がついております。そこに、原子力損害の賠償に関する国際条約について、かなり分かりやすく書いてありますので（日本語）、それをご参照いただければと思います。

原子力損害の賠償に関する国際的な制度については、日本はずっといかなる条約にも加入していなかったわけですが、そこにありますように、1960年に初めてパリ条約というのができました。この条約は世界の中ではどちらかというとリージョナルな国際制度と捉えられております。ここで、リージョナルというのは加盟国がヨーロッパに限られているとい

うことを意味しています。

　この条約については、その後ブリュッセル補完条約というのが制定されていまして、その両方をセットにして、パリ条約とブリュッセル補完条約の改定議定書というのが2004年にできています。この改正議定書ができたのは、2004年なのですが、現在まだ批准している国が少なくて、未発効の状況です。のちほど申し上げますが、最低の損害賠償として確保すべき金額が定められています。

　日本でいうと賠償措置額ですが、議定書ではこの額を上げるという内容になっていて、改正議定書を批准すればそれだけ国の財政的措置が必要だということがあって、なかなか批准が進んでいないと言われております。

　これはOECDの中の原子力局、Nuclear Energy Agency（通常、NEAと呼んでいます）というところが中心になって進めている条約です。

　これに対してIAEAの方が進めているのがウィーン条約ですが、1963年に条約ができておりまして、現在40か国が加わっています。

　この後でまた出てくることになるかと思いますが、レジュメに原子力損害のことを書いております。ウィーン条約では当初、人身損害と財産的損害に限っていたのが（この点については、当初のパリ条約も同様です）、その後のウィーン条約の改定議定書（1997年）では、環境汚染回復費用等にまで、損害項目が広がっております。そういう意味で、日本の原子力損害賠償法の見直しに関する先ほどの髙橋先生のお話では、まだ取り上げられていないようですが、賠償されるべき原子力損害の損害項目について、本当は議論すべきではないのかと個人的には思っているところであります。

　このウィーン条約の方は比較的加盟国がヨーロッパに限らず、世界中に広がっておりまして、グローバルな国際的体制と理解されているところであります。パリ条約とウィーン条約とは現在ではかなり内容が似ておりますが、完全に一致しているというわけではなくて、その間をなる

べく統一しようという動きがあります。一つはウィーン条約とパリ条約の両方に共通する共同議定書を作るということで、1988年に行われております。この共同議定書は、28か国の参加を得て、すでに発効しています。また、1977年には、IAEAが中心となって、原子力損害補完的補償条約（通称CSC条約といっております）ができております。

　この条約に、2015年1月に日本が加入しました。この条約の発効の条件は、締約国数（5か国以上）と原子炉の熱出力の規模（合計40万MW以上）とで定められていますが、日本が加入したことによって、この条件をみたしたことになり、2015年4月15日に発効しております。その後もモンテネグロなどが新たに加入し、現在の締約国は8か国ということであります。

　このように、世界的には、パリ条約というリージョナルな国際的な体制とウィーン条約というグローバルな国際的な体制とがあって、その間に橋渡しをするような関係で共同議定書というのがあり、さらに、少し違った観点からCSCという条約ができているということです。CSC条約は、パリ条約やウィーン条約に入っていない国も入れるというアンブレラ（傘）のような性格を有する条約ということができます（パリ条約やウィーン条約に加盟していない国についても付属書によって、原子力損害賠償の基本的な原則が定められています）。ややデータが古いのですが（昨年の数字だと思います）、431の原子力発電所のうち、パリ条約がカバーしているのが118、それからウィーン条約がカバーしているのが75、共同議定書がカバーしているのが116、CSC条約がカバーしているのが145ということになります（重なってカウントされている場合もあります）。カバーする原子炉の数で単純にいうとCSC条約の占める割合が非常に大きくなっているということになります。これは昨年のデータで、その後インドが入っております。また、カナダの加入への準備もかなり進んでおりまして、カナダが批准すると全部でCSC条約は185の原子炉をカバーするということになります。他方、世界中でこれらのいずれの国際条約にも対象になっていない原子炉が現在56ということであ

りまして、このうち、かなりの部分を中国の原子炉が占めているということです。

以上が、原子力損害の賠償に関する条約の全体的な状況ですが、これらの条約において、定められている原子力損害の賠償に関する基本原則がある程度共通しています。そこで、レジュメに後の方で国際的な基本原則との比較を意識しながら、日本の原賠制度のことを少し書いております。ただし、これは参考程度にということで、特に私から口頭で説明するつもりはあまりありません。日本の制度と見比べていただければよろしいかと思いますが、日本の制度は既に国際的な基本原則をだいたい取り入れています。そこで昨年のCSC条約の加入のときにも、原賠法に関してかなりマイナーな改正は行われましたが、基本的なところはそのままでCSC条約との整合性がとられているということになっているわけであります。

(2) 原子力損害賠償制度に関する基本原則

原子力損害の賠償に関する基本原則として通常上げられているのが、次の7点です。

①責任集中

第1に、責任集中です。責任集中というのは、原子力損害を生じた場合に、原子力事業者のみが責任を負うという原則で、これはパリ条約でもウィーン条約でも同様であります。CSC条約の場合には、もともと損害賠償について、加盟国間で相互に援助する仕組みを作るという条約ですので、損害賠償の基本的なルールについては付属書（アネックス）に定められておりまして、そこでもやはり事業者に責任が集中していることが定められております。責任集中の具体的な内容は、原子力損害が生じた場合に、原子力事業者のみがその賠償責任を負うということと、第三者に対する求償の制限をしているということが定められているとい

うことです。

②絶対責任

それから第2の原則は、絶対責任の原則です。英語では absolute liability という表現を用いていますが、原子力事業者が無過失で損害賠償責任を負うということを意味します。このことについては、それぞれ条約の中で明示されています（例えばウィーン条約や CSC 条約）。

また、絶対責任の原則をとる代わりに、免責条項も定められております。具体的な免責事由については、ほぼ共通しておりまして、一つは自然災害、もう一つは戦争などです。例えば、日本が加入している CSC 条約とウィーン条約では、grave natural disaster of an exceptional characters（異常な性質を有する重大な自然の事故）を免責事由として定めています。この表現は、日本の原賠法の定める免責事由にかなり似たものです。それから、もう一つは、武器を持った衝突というのでしょうか、あるいは内戦ですとか、そういったことが免責事由として書かれております。

いずれにしても、原子力事業者が無過失で損害賠償責任を負うというのが基本原則であるということです。

③最低責任額・④賠償措置額に義務づけ

そして第3、第4に、条約上、最低の責任額を定めるとともに、第4に、一定の額（多くの場合、最低責任額）を必ず賠償できるように確保しておくことです。先ほどの髙橋先生の話でいうと、有限責任の議論とつながってくる問題です。要するに、条約上は、無限責任あるいは有限責任を義務づけているのではなくて、事業者が責任を負う最低の額を条約上で決めていて、国内法ではそれより高い金額を決めてもいいということに過ぎません。したがって、国内法の制度としては、有限責任、無限責任のいずれを定めることもあり得るという構造になっています。

パリ条約の場合には、1,500万 SDR（special delivery right）と定め

られています。最近の換算率によりますと25億3,500万円くらいという数字になります。先ほどご紹介した外務省の説明では、1,500万SDRはもう少し小さい金額、約23億円になっております。そこで、1SDRが150円という換算になっております。最新の数字が分からなかったのですが、昨年の数字で169円となっておりましたので、レジュメでは、それを用いた計算式によっています。パリ条約について、先ほどもご紹介しました2004年の新たな改定によりますと、この額が大きく引き上げられまして、7億ユーロということで、約854億円になります。これは1ユーロ122円で計算すると、854億円になるということです。

ウィーン条約は、非常に古くて、最低の責任額についてはそのままになっておりまして、1事故当たり500万アメリカドルということになっております。1ドル108円（昨日のレートですが）ですと5億4,000万円ということになります。

CSC条約では、1事故当たり3億SDRというIMF単位になっておりまして、こちらの方は先ほどの1SDR=169円という換算率を使いますと507億ということになります。

いずれにしても500億円くらいになるということです。

ご存じのように、現在の日本の原賠法では1,200億円となっています。この額になったのは平成21年改正によるものです。

このような最低責任額を決めるという第3の原則は、次の第4の原則である賠償措置額の義務づけとセットになっています。第4の原則は、英語ではfinancial securityと呼んでいますが、そこで定められた額までは確実に損害賠償できるように措置するということで、多くの場合、保険を付けるということになっております。日本の場合には保険とそれを補完する政府保証契約という二つの仕組みによっています。

⑤損害賠償の時間的制限

そして、第5に、損害賠償の時間的制限に関する原則です。具体的には、損害賠償を請求できる期間（日本法では時効の問題です）について、

最短の期間を定めていて、国内法でそれよりも長い期間を定めることが可能であるとしております。

パリ条約の議定書を含めた改正によりますと、人身損害、死亡については30年、その他の損害については10年と、かなり長い期間を定めております。

ウィーン条約やCSC条約ではもともとそれほど長い期間を定めておりませんで、10年ということであります。

先ほどの平成21年の原子力損害賠償法の改正のときにも、文科省内に原子力損害賠償制度の在り方に関する検討会が設置されまして、そこでは時効の問題も議論がなされました。当時は日本の最高裁の判例の考え方で（それが維持されるかどうかは分かりませんが）、一応対応可能なので特に時効については改正しなくてもいいだろうという結論になったと記憶しております。

⑥裁判管轄の集中

そして、第6に、裁判管轄の集中に関する原則です。原子力損害賠償に関する条約の締約国において、事故が起きますと、その国の裁判所が専属管轄権を有するという規定がどの条約でも置かれています。英語では、channeling（先ほどの責任集中と同じ言葉です）という言葉が使われておりまして、裁判管轄の集中ということです。そして、「締約国の裁判所（courts of the country contracting party）」は、裁判所（courts）が複数で表現されております。

⑦無差別損害賠償

そして、第7に、無差別の損害賠償原則です。英語では、non-discriminationという言葉が使われています。例えばウィーン条約では、13条で、国籍、住居、住所あるいは居住地などに基づいた差別のないことという趣旨の規定を定めています。

⑧まとめ

　以上が、国際的な条約とその中でとられている基本的な原則、考え方です。日本の原子力損害賠償制度は、先ほど述べたように、国際的な基本原則とほぼ同様の原則になっています。レジュメでは、参考のために条文も挙げていますけれど、特に説明はしません。日本では、無限責任をとっているのですが、賠償措置額については1,200億円という限度を設けています。国際的な原則では、もともと最低の損害賠償責任額を決めていますので、それと賠償措置額がイコールになっているのですが、日本ではたまたま無限責任をとっているということから、別に賠償措置額を定めているということになっています。

3. 日本の原子力損害賠償制度に関する諸外国の関心と評価

　その次に、レジュメでは、福島事故への対応ということですが、ここも既に丸島先生のところに出てきておりますので、特にお話はするつもりはありません。この部分は、その次への前提のつもりで少し書いているだけです。

　その次に、日本の法制度、福島事故への対応に対する諸外国の関心と評価ということについて、少し述べることにします。ヨーロッパの考え方では、ヨーロッパは比較的国土が大きくなくて国境を接しているということで、どうしても事故が起きれば損害は他国に及ぶことになることから、他国で生じた事故による越境損害について、十分に被害者が救済されるかということが大きな関心事になっています。口の悪い人に言わせると、どこの国もだいたい国境の近いところに原子力発電所を置いて、自分の国の真ん中には置かないみたいなことを言っていますが、実際はどうなのか分かりません。越境損害があり得るということから、国籍に関わりなく、平等に賠償されること、それも迅速かつ適切な賠償がなさ

れるということが重要ですが、それに対して原子力事業者の負担能力には限界があって、どこまで国が援助をできるのかといった点に、従来から関心があるということで、そういった観点から、福島事故をみて、まず損害の大きさ、損害額の大きさに注目していると思われます。先ほど損害賠償の最低額について、話をしましたが、その損害賠償最低額の見直しが必要ではないか、またそれと同時に、賠償措置額の見直し、すなわち保険の見直しが議論されています。そもそも保険が原子力事業の役に立つのかという疑問も出されています。

　日本の福島の事故をみて、それだけの金額を例えば保険でカバーできるのかというと、それはできないことは自明の理であります。そうすると、保険はまったく意味がないのか、あるいは保険に代わるものを、何らかを考えなければならないのか、そういったようなところが議論されるように段々なってきているのではないかと思います。

　学者の意見の中には、事業者間の相互援助システムみたいなもの、換言すれば、原子力事業者間における自家保険のような仕組みを作るという提案も見られます。このような考え方は、日本の支援機構からヒントを得ているのかもしれません。国によっては、例えばフランスやカナダのように比較的最近になって損害賠償の最低額を上げているというところもあります。

　それからもう一つは、迅速な紛争解決ということが重要であると考えられているようです。日本の場合には、一方で、福島事故直後に原子力損害賠償紛争審査会を設置し、損害賠償についての指針を出し、他方で、和解の仲介のために、ADRセンターを設置し、さらに、東京電力による損害賠償の財政的な支援のために原子力損害賠償・廃炉等支援機構を作っているということ、東京電力では1万人くらいの体制で損害賠償のための組織を作っているということが海外からすると非常に関心が持たれているところであると思います。私個人としては、2011年からずっと日本の損害賠償の状況について向こうでいろいろ説明をする機会がありまして、欧米では日本についての理解がかなりの程度進んできていると

思います。そして、日本の仕組みは、先ほど言ったような損害賠償についての関心事からすれば、よくやっているという評価ではないかと思っております。

4. 国際的な場における原子力損害賠償制度に関する議論の動向

(1) 国際的な議論の場

次に、この国際的な場における原子力損害賠償制度に関する議論の動向ということですが、現在どういうところで原子力損害賠償制度について議論されているのかと言いますと、大きく分けて三つあると思っております。

第1に、OECD、経済協力開発機構の中のNEAという原子力機関の中に原子力法委員会というのがありまして、これは2年に3回の割合で定例的に開かれております。2011年以来、毎回、日本は、福島の賠償について、報告してきました（私も毎回出席して、報告をしてきました）。委員会は、いつも実質的に1日半行われていますが、当初は福島の事故についての特別なセッションが置かれていました。途中から特にそういうセッションは置かれてなくて、日本から発言があれば発言するようにという形になってきております。いずれ、東京電力による賠償がほぼ完了し、ある程度先が見えた段階で、最終的に全体のまとめ的な報告をした方がいいのではないかと個人的には思っているところであります。

第2に、ウィーンのIAEAに置かれているINLEX会合です。英語では、INLEXというのは、International Expert Group on Nuclear Liabilityの略語ですが、原子力損害賠償責任に関する専門家の会合ということです。現在専門家が18名任命されていますが、さまざまな国からでています。そのほかに、オブザーバーが6名おりまして、年に1回く

らいウィーンで会議をしております。そのほかに、いろいろな土地、特に開発途上国でワークショップをして原子力法についての普及を図るということをしております。3年ほど前まで早稲田の道垣内教授が専門家として参加していたのですが、損害賠償に重点を置くということで、委員の交代があり、現在は、私がメンバーとして参加しております。

このINLEX会合というのは、勧告（recommendation）を出したり、あるいはCSC条約とかウィーン条約についての解釈、explanatory textというのを公表したりしています。勧告では、国際的なレジーム（regime）に良い点もあれば悪い点もあること、しかしなるべくどこかの国際的なレジームに加わるべきであること、さまざまな基本的原則を国内法化すべきであるといったようなことが書かれております。

第3に、国際原子力法学会という研究団体があります。これは任意の団体でありますが、約20人の理事（同一国から複数の理事が選ばれることはないようです）から構成される理事会によって運営されています。IAEAの原子力部門の人が理事になっていること、それからNEAの原子力課長はワーキンググループの議長として、学会の理事会に参加していることなどに見られるように、OECDやIAEAとはかなり密接な関係で動いているということであります。

こちらの方は学会ですので2年に1回大会を開くということになっています。さらに、各国に支部があるのですが、ドイツ支部の活動は大変盛んで、こちらの方も2年に1回支部の大会を開催しておりまして、ドイツだけではなくて世界中から多くの参加者があります。ドイツの中で開かれているのですが、大部分は英語で行われたり、あるいは同時通訳が用意されていたりしています。

以上のような三つの組織が議論の場として動いているのですが、三つの組織で活発に活動している人がかなりいます。すなわち、INLEXのメンバーとINLAの理事を兼ねている人がOECDの原子力法委員会にも出席しているということです。このことは、情報の共有という観点から、非常に重要なところではないかと思っております。

(2) 最近議論されている課題の具体的な例

　ほぼ時間がきたのですが、最近の議論のテーマについて１、２分で述べて、報告を終えたいと思います。あまり詳しいところを私も議論できないということもあります。例えば、低リスクの施設等に関する扱いということですが、これはリスクが低いものは条約から適用除外したらどうかということです。条約では、先ぽとの国際的な原則というものが関わってきますので、そこから外して国内法で処理するということです。日本で言えば少額賠償措置のようなものですが、日本の目から見ていると条約から外さなくても financial security の額を下げるという方向もあり得るのではないか思っております。多少そこの枠組みが違うこともありまして問題になっているということです。

　輸送についてもいろいろ問題があります。その次は、使用済み燃料、放射性廃棄物等の処分と貯蔵ということです。技術的な用語として、decommission（廃炉）、closure（閉鎖）、disposal（処分）、storage（貯蔵）といった用語が使用されていますが、これらの用語にしたがって、時間的にどう切り分けられるのか、その各部分についてもしそこで事故が起こった時に誰が責任を負うのかということが、今の状況では明確ではないのではないかということです。例えば、disposal という言葉も条約の中で使われていますが、これは closure の前なのか後なのかとかが先日の INLEX の会合でも議論になっておりました。

　技術系の人は、この storage というのは最終的に貯蔵するということで、貯蔵が100年単位で1,000年とか続いていくというときに、民間の事業者がずっと責任を負い続けられるのかという疑問を持っているようです。貯蔵は一定の手順、特にライセンスを得て行っていくので、貯蔵のところで事故が起きたら、それはそのライセンスを出した国の責任ではないかというような議論がありました。INLEX の専門家の間からはかなり異論があって、むしろやはり storage の時にもオペレーターというべき者が存在して、それが責任を負うのではないかというような議論に

なっていますが、今後の重要な課題であると思っております。
　ITERの条約については省略したいと思います。

5．おわりに

　ほぼ時間がまいりましたので、おわりにということで、諸外国の動きに触れたいと思います。CSC条約加盟国の拡大ということですが、先ほども述べたように、日本よりも後に加入した国もあります。また、カナダも近々批准するだろうということです。韓国でも一時期かなり議論されていたようですが、今のところなかなか体制が整わない、特に財政的な理由から進んでいないということです。
　中国については、そもそも原賠制度というものが法律として存在していないということで、先ほどの国際原子力法学会のときに中国人の弁護士の話では、中国にはルールが存在していて、ウィーン条約なみの水準であるという発言がありまして、そこにいた人達は本当かなという疑問を感じながら聞いていました。それは法律になっていないために、中国の中でも調べても簡単には分からないということのようです。2年前くらいに原子力損害賠償を含める原子力法の制定の準備が始まったようですが、これもなかなかスムースに進んでいなくて、まだあと2年くらいかかるのではないかという話でした。
　最後は雑駁な話でしたが、以上で私の話を終わりたいと思います。

― 質疑応答 ―

質問者①：最後に、中国の話が出て大変興味深かったのですけれども、例えばヨーロッパですとか、中国に原発の売り込みをしていると思いますが、そのような売り込みの時に、中国の中で法制度ができていないことに対して、何ら後ろめたさというかそういうものがないのかなと、不思議なのですが、原発を進める国が、そういった整備していない国等について、批判的な意見はないのですか。

野村豊弘：どちらかというと、輸出側でなくて輸入側が国際的な原則を整備していないと、輸出側にリスクがかかるというそういう考えじゃないでしょうか。というのは、輸出側は、要するに、原子炉メーカーですよね。そうすると責任集中みたいな制度があれば、原子炉メーカーは仮に事故が起こっても損害賠償責任を負わないで済むわけです。つまり輸入国側の国内法ですから、輸入する側が輸出国の方が国際的な原則にのっとって国内法を整備しているかどうかというのは、直接的にはあまり問題がなくて、仮にあるとすればメーカーなり、あるいは技術そのものがきちっと実施に耐えられる安全性を持っているのかどうかということについて、輸出国の側がどれだけ制度を整備しているかといった問題ではないでしょうか。

　ですから、日本がこれからいろんな国と原子力協定を結んで外国で原子力発電所を建設することを考えていますよね。その時にむしろ、相手国が、責任集中みたいな制度によってメーカーが守られる仕組みを作っているかどうかの方が重要ではないのでしょうか。そういう仕組みが決まっていないところで、製造物責任法みたいなものが適用されるということになったら、それはそれでむしろ輸出する側にリスクがかかるということではないかと思います。

質問者②：今の質問とちょっと関連するかもしれないのですけれど、先ほど、先生、CSC条約にインドが入ったというふうなお話があったかと思うのですけれど、インドがもともと製造物、メーカー側に事故が起きた時に責任を負わせられる構造があったので、なかなか先進国からインドに輸出しにくかったという考えですが、そうするとインドは完全にCSCに入るということは、原子力事業者の方に責任を集中させるというふうに完全に変わったというように理解してもよろしいでしょうか。

野村豊弘：変わってないと思います。僕も完全に正確に理解しているかどうか分からないのですけれども、もともと求償ができるような国内法を作って、それが国際的な議論の場で非常に問題になっておりまして、CSCと矛盾するのではないということなのです。ちょっとよく分からないのですけれども、条約に入ること自身は妨げられていないのです。ただインドの説明は、十分、責任集中の要件を満たしているということをいつも説明していますので、それを周りの欧米の国は理解していないというか、理解できないままにずっと平行線できていると思われます。にもかかわらずこういうことになっていますので、そこはどうなっているのか僕もちょっとよく分からないところではあるところです。

質問者③：放射性廃棄物の処分場の件で、国が責任を負うという話と、それからオペレーターに責任を負わせるという話で、オペレーターに責任を負わせるのが有力だというようなご指摘があったと思いますが、オペレーターの責任も、多分、何十年という話になってくると思うのですけれど、国の責任とオペレーターの関係について、もう少し詳しく教えてください。

野村豊弘：これはちょっと、先ほどお話しした議論は先週あったINLEXの会合での議論なのですけれど、多分、論者の間でイメージしている貯蔵の在り方、あるいは処分の在り方が完全に一致していないと

いうことなのですね。つまり自分で処分して処理して自分で貯蔵していればおそらくその人が責任を負うというのが、僕は当たり前だと思います。一番あり得るのは、もう原子力事業を止めてしまうというときに、しかし廃棄物はあるという場合に、その貯蔵はどうなるのかということではないかと思います。

貯蔵が続く限り事業は廃止できないというのは恐らくあまり現実的ではないと思います。

となると、貯蔵のシステムというのをどう考えるのかという、どこかで貯蔵について責任を負う主体があるような形で貯蔵ができるという、そういう仕組みにならざるを得ないのではないかと思うのです。そうすると、その貯蔵について責任を負う人が、すなわち、貯蔵についてその管理していく人が、責任を負うということになるのではないかな、と思っています。しかし、そういう議論がちょっと吹っ飛んで、いきなり貯蔵の段階に入ったら、ライセンスを出した国の責任だというような議論が技術の方から出てきたので、多分法律の人達がそれはちょっとおかしくないかという、そういう反発だと思うのです。

ですので、まだ1,000年とか100年単位で行われる貯蔵がどういう法形式というか、運用の主体と並んだもので行われるのかということが明らかでないと、だれが責任を負うかという議論は始まらないのではないかと個人的には思います。

レジュメ

シンポジウム「原子力損害賠償法の改正動向と課題」

「原子力損害賠償制度の海外動向」

学習院大学名誉教授
日本エネルギー法研究所理事長
野村　豊弘

1．はじめに

2．原子力損害賠償制度に関する国際的な仕組み
(1) 原子力損害賠償制度に関する国際的な条約の枠組み
(ア) パリ条約
　　1960年　パリ条約
　　1963年　ブリュッセル補完条約
　　2004年　パリ条約・ブリュッセル補完条約改定議定書

(イ) ウィーン条約
　　1963年　ウィーン条約
　　　原子力損害
　　　　人身損害
　　　　財産的損害
　　1997年　ウィーン条約改定議定書
　　　原子力損害の拡大
　　　　環境汚染回復費用（costs of reinstatement measures of imppairedenvironment）
　　　予防措置（costs of preventive measures）
　　　経済的損失（economic loss）

(ウ) 国際体制の統一
　　1988年　NEA/IAEA　共同議定書
　　1997年　原子力損害賠償補完条約（CSC）

(エ) 国際条約の適用されている原子力発電所と適用されていない発電所

(2) 原子力損害賠償制度に関する基本原則
(ア) 責任集中（chanelling of liability）

(イ) 絶対責任（無過失損害賠償責任）（absolute liability）

(ｳ) 最低責任額（損害賠償責任限度額の下限）（minimum amount）

(ｴ) 賠償措置額の義務づけ（mandatory financial coverage, financial security）

(ｵ) 損害賠償の時間的制限（時効）（liability limited in time）

(ｶ) 管轄の集中（chanelling of jurisdiction）

(ｷ) 無差別損害賠償（non-discrimination）

3．日本の原子力損害賠償制度に関する諸外国の関心と評価
(1) 原子力損害賠償法
(ｱ) 原子力損害の定義
　原賠法2条2項「この法律において『原子力損害』とは、核燃料物質の原子核分裂の過程の作用又は核燃料物質等の放射線の作用若しくは毒性的作用（これらを摂取し、又は吸入することにより人体に中毒及びその続発症を及ぼすものをいう。）により生じた損害をいう。
　ただし、次条の規定により損害を賠償する責めに任ずべき原子力事業者の受けた損害を除く。」
・具体的な損害の定義はない。
・紛争審査会の指針では、原子力事故と相当因果関係のある損害が賠償されるべきものであると解されている（損害賠償に関する民法の一般原則に従っている）。

(ｲ) 原子力事業者の責任
　原賠法3条「原子炉の運転等の際、当該原子炉の運転等により原子力損害を与えたときは、当該原子炉の運転等に係る原子力事業者がその損害を賠償する責めに任ずる。ただし、その損害が異常に巨大な天災地変又は社会的動乱によって生じたものであるときは、この限りでない。」
　　・無過失損害賠償
　　・免責事由
　　・無限責任

(ｳ) 責任集中
　原賠法4条1項「前条の場合においては、同条の規定により損害を賠償する責めに任ずべき原子力事業者以外の者は、その損害を賠償する責めに任じない。」
　原賠法5条1項「第3条の場合において、他にその損害の発生の原因について責めに任ずべき自然人があるとき（当該損害が当該自然人の故意により生じたもので

ある場合に限る。）は、同条の規定により損害を賠償した原子力事業者は、その者に対して求償権を有する。」
　原賠法5条2項「前項の規定は、求償権に関し書面による特約をすることを妨げない。」
　　　・事業者のみが責任を負う。
　　　・求償の制限
　　　・原子炉の供給者は責任を負わない。

(エ)　賠償措置
　原賠法6条「原子力事業者は、原子力損害を賠償するための措置（以下「損害賠償措置」という。）を講じていなければ、原子炉の運転等をしてはならない。」
　原賠法7条「損害賠償措置は、次条の規定の適用がある場合を除き、原子力損害賠償責任保険契約及び原子力損害賠償補償契約の締結若しくは供託であつて、その措置により、1工場若しくは1事業所当たり若しくは1原子力船当たり1,200億円（政令で定める原子炉の運転等については、1,200億円以内で政令で定める金額とする。以下「賠償措置額」という。）を原子力損害の賠償に充てることができるものとして文部科学大臣の承認を受けたもの又はこれらに相当する措置であつて文部科学大臣の承認を受けたものとする。」
　　　・原則として、1,200億円。
　　　　（危険の低いものについては、少額の賠償措置が認められている。）

(オ)　消滅時効

(2)　福島事故への対応
(ア)　原子力損害賠償紛争審査会の設置と指針の策定
　　　　・紛争審査会の指針策定（2009年改正時に付加）
　　　2011年8月5日　　中間指針
　　　2011年12月6日　　第1次追補
　　　2012年3月16日　　第2次追補
　　　2013年1月30日　　第3次追補
　　　2013年12月26日　第4次追補

(イ)　原子力損害賠償紛争解決センターの設置
　　2011年8月設置

(ウ)　原子力損害賠償（廃炉）支援センターの設置と負担金の徴収
　　2011年9月設置（2013年改組）

(エ)　損害賠償請求権の消滅時効
　　　　仮払制度、除染制度

　(3)　日本の法制度（福島事故への対応）に対する諸外国の関心と評価

4．国際的な場における原子力損害賠償制度に関する議論の動向
(1)　国際的な議論の場
　(ア)　経済協力開発機構（OECD）原子力機関（NEA）
　　　　原子力法委員会（NLC）

　(イ)　国際原子力機関（IAEA）
　　　　INLEX会合
　　　　　（International Expert Group on Nuclear Liability）
　　　　18名の専門家＋オブザーバー

　(ウ)　国際原子力法学会（INLA，AIDN）
　　　　理事会
　　　　　理事15人、名誉会長13人、事務局長1名
　　　　ワーキンググループ
　　　　　Working Group 1 – Safety and Regulation
　　　　　Working Group 2 – Nuclear Liability and Insurance
　　　　　Working Group 3　 International nuclear trade / New Build
　　　　　Working Group 4 – Radiological protection
　　　　　Working Group 5 – Waste management
　　　　　Working Group 6 – Nuclear Security
　　　　　Working Group 7 – Transport
　　　　大会
　　　　　Nuclear Inter Jura
　　　　　ドイツ支部大会

(2)　最近議論されている課題の具体的な例
　(ア)　低リスクの施設等に関する扱い（条約の適用除外）

　(イ)　核物質の輸送に関する問題

　(ウ)　使用済み燃料、放射性廃棄物等の処分と貯蔵

㈣　ITER条約

5．おわりに
　　・CSC条約加盟国の拡大
　　・原子力損害賠償法の改正

第4章

パネルディスカッション
原子力損害賠償法改正の課題

パネリスト
野村豊弘

髙橋　滋

丸島俊介

(司会)
原子力損害と公共政策研究センター長
桐蔭横浜大学法科大学院教授
弁護士
中島　肇

中島　肇：今まで三人の先生方からそれぞれ異なる分野について、原子力損害賠償改正の現状、それから今後の課題、国際的な動向などについてご報告をいただきました。

　その後の質問なども踏まえまして、いくつかの私なりの問題も出てまいりまして、この異なる分野で問題点をぶつけ合うのも意味があるかなと思います。いくつか問題点を整理した上で、それぞれの先生方に議論していただきたいと思います。

1．被害者の救済制度と指針

　まずちょっと私の方で気になる分野として、あるいは法律の実務家として一番気になりましたのは、被害者の救済制度について、現在では救済制度についての議論、特に原賠審とADRの違いを明確化すべきであるという議論がなされているようです。これは国際的な条約にはADRという制度がないわけで、日本独特の制度であるわけですけれど、調停的な、弁護士を立てないで9割以上の示談が既に成立していると。

　確か、原子力損害賠償紛争審査会の議論の中で出たと思いますが、スリーマイル島の事故では、全部の賠償額の半分は弁護士費用に回っていたということが統計上出ていますが、日本ではADRを使ったために、恐らく9割以上の賠償は被害者にいっていると思われますけれども、このあたりは、先ほど、野村先生、関心を持たれていると、ヨーロッパではですね、特に。

　このADRについては、海外ではどういうふうにされているのでしょうか。そのあたりをうかがいたいと思います。

野村豊弘：多分、海外から関心を持たれているのは、ADRとそれから紛争審査会の指針ですね。

　これの両方を見ていると思います。

つまりヨーロッパからすると、先ほど被害者の平等と申し上げましたが、訴訟になったら、解決内容がばらつく可能性もあるわけですよね。しかし日本のような仕組みのもとでは、紛争審査会の指針で、損害賠償についてのガイドラインが示され、それに基づいて直接交渉なり ADR を通じて解決していけば、ある程度平等性が確保されるということです。OECD における我々の報告等ではその点を強調していることもありますが。そういった点が評価されているということだと思うのですね。

ただ、海外からの質問などの中には、先ほどちょっと専属管轄の話をしましたが、むしろ訴訟で解決するのが本来ではないかという考えがかなり強くあって、日本のような ADR はそういうルールからすると外れているのではないかという質問がありました。

それに対しては、まず訴訟は封じられているわけではないということですね。

ADR はあくまでも最終的に両当事者が合意をしない限り成立しないということで、いくら条約で専属管轄とかを決めていても、被害者と加害者の間の直接交渉なりで損害賠償することまでは禁じていないでしょうといっているのですが、その辺がちょっと日本人の感覚と違うかもしれません。

中島　肇：髙橋先生、この点は原賠法の改定の中では現行法を前提として議論されているというお話でしたけれども、やはり ADR、あるいは指針作りという制度は、委員の方には一応の評価を得ているという前提でよろしいでしょうか。

髙橋　滋：はい、先ほど申し上げた ADR と原賠審の定める指針の役割分担の問題は、私の固有の意識であり、委員全体に共有されているとは必ずしも私は理解していない問題です。

基本的に、ADR と原賠審の制度については、おおかたの委員は積極的な評価をされているのではないかと思っております。ただ、一部には、

ADR の機能を強化したらどうかという委員もいらっしゃって、片面的な形で拘束力を持たせるということもあっていいのではないか、もしくは仲裁機能のようなものも入れたらいいのではないかというような話もありました。ただ、その辺は議論するということになっていますので、認識の一致がさらに図られるのではないかとは思っています。

中島　肇：日本的な ADR とヨーロッパ、アメリカ的な訴訟制度の折衷的な考えとして、今一部の人の中で、消費者契約法で導入されたクラス・アクション制度、特定の弁護士が「この指とまれ」で、潜在的な被害者全部の代理人になるということで、ADR 的な訴訟を集中管理する訴訟が可能ではないという議論もあるようなんですが、このあたりの議論はどのようにされているのでしょうか。

髙橋　滋：クラス・アクションの話については訴訟制度自体の話にもなってきます。そのため、現在のところは正面からそういう問題提起がされているとは私は認識しておりません。むしろ、もう少し検討すべきものとしては、立替払いの話がございます。ADR と別ですが、国がきちんと立替払いする、というのが救済手続の検討の課題ではないかと。その辺が今議論になっていると受け止めています。ただ、そういう問題提起があったというのは、個人的には take note しておきたいと思います。

2．損害賠償項目の国際比較

中島　肇：では、ちょっと日本の現在の賠償金額、先ほど、丸島先生から報告がありましたが、金額的に一番大きいのは精神損害、避難指示に基づくものですね。

　ここに一つ日本の今の賠償の特徴があるかと思うのですが、先ほど、

野村先生のご報告によりますと、パリ条約、ウィーン条約の原子力損害の項目を見ますと、人身損害と財産的損害、二つが柱になっておりまして、日本的な精神的損害は原子力損害に含めないのだという、どうもこういう考え方がちらりと見えるような気がするのですが、それを意識してるのか、日本の政府のガイドライン、指針では、あえて表現を生命身体損害を伴わない精神的損害についてどう考えるか。野村先生も元審査会委員でいらっしゃいますし、できるだけ純粋の精神的損害にしないで、生活阻害損害、避難指示、強制的に避難させられたことによって、生活が阻害された損害なんだという形にして、純粋の慰謝料という形をとらないで払ったかと思うのですが、これは国際的な条約では精神的損害がはっきりと原子力損害に含まれていないということを意識したと理解してよろしいのでしょうか。

野村豊弘：確かに、国際条約では、精神的損害については、直接的には認められていません。先ほど詳細に説明していませんが、例えばパリ条約ですと、人身損害と財産損害は、これは必須の損害項目です。その他に裁判管轄を持っている国、要するに事故の起こった国の国内法が認めている損害については認めることになっています。その中に、環境損害も含まれているのですが、さらに無形の損害というものがありまして、人身損害、あるいは財産損害に伴って生ずる無形な損害というのも含まれるということなので、精神的損害も一応含まれてはいるのではないかと思います。ただ、当然に賠償されるというわけではなくて、国内法でそれを認めているかどうかという枠がかかっているということです。

中島　肇：そこの表現なのですけれど、人身損害に伴う精神損害となっていまして。

野村豊弘：ちょっと今、僕フランス語で見ていますが、人身損害、財産損害に起因する immaterial な damage です。非物質的な損害という表

現になっています。

中島　肇：というのは、日本の裁判実務でも、交通事故では物損だけの場合では慰謝料を認めませんので。

野村豊弘：ああ、そうですね。

中島　肇：あくまでケガをしないと慰謝料は出ない。

野村豊弘：物質的でないという表現になっているだけで、それが精神的損害とイコールかどうかは確かに分かりません。

中島　肇：ところが今の避難指示に基づいた大部分の人はケガや病気をしていないけれど、慰謝料の支払いを受けているのですが、交通事故で言いますと物損なのに慰謝料を受けていると、こういう状態に近いと思うのですけれど、おそらく指針でこれを慰謝料と言わずに、生活阻害損害と言ったのはそういうところがあったのかな、ちらりと個人的な印象を受けているのですけれど、そういう国際的な相場ではないのですか。

野村豊弘：と思います。

中島　肇：そういう相場を意識したということではないのですね。どうも失礼致しました。
　何か丸島先生今までの議論で何かご指摘、コメントはございませんでしょうか。

3．ADRと弁護士代理・クラス・アクション

丸島俊介：紛争解決システムの問題について、先ほど少しご指摘がありましたが、ADRは、本人申立てと弁護士が代理人としてついている場合とがありまして、弁護士が代理人としてついている案件は、全体の3割程度と聞いております。

　ADRのこれまでの解決事例の蓄積があり、またADRの申立手続きについて情報提供も行われ、本人申立てをされる方が次第に増えてきた状況もあります。代理人となる弁護士の意識としては、訴訟に持っていた方がいいのではないかという方と、ADRでやはり迅速に早期にそれなりの解決をしようとする、二つの流れがあるというふうに聞いています。

　また、先ほど、クラス・アクションの話が出ましたが、そもそも日本の場合、やはり訴訟というのは、一般的に言って手続き面からもいろいろな意味で利用者にとっては重い手続きと考えられているようですが、この重さは、利用者にとって精神的な負担感も含めて重いのかなという感じがいたします。それが、先ほど申し上げたように、東電による本賠償が数十万規模で、ADRが申立て2万件、訴訟が200件というふうな全体の割合になっている背景にあるのだろうなと思います。

　また、ADRについて申し上げますと、ADRには結構、集団申立てが増えてきています。ADRは指針に基づきつつ、それぞれの個別事情に応じてプラスアルファがあるかどうかを検討するという建て付けになっていますから、集団申立てがされて一律の金額の請求ということになると、ADRが集団事案の中で個別事情をどう判断しどのように解決していくべきか難しいところがあるのかなという印象を受けています。

　またクラス・アクションのお話が出ましたが、消費者の権利救済に係る団体訴訟的な制度の創設を巡ってこの10年ぐらいの間議論がされ、一応の制度化もされてきているわけですが、まだ利用できる対象が狭いところもあります。そうした新たな制度の運用状況なども見ながら、それ

をさらに拡大できるのかという点などについてこれから検討していくことになるでしょう。その意味では、議論が熟していくのはまだこれからという状況ではないのかなという印象を受けております。

中島　肇：髙橋先生、野村先生の方から何かご指摘、コメントはございますでしょうか。

4．避難に伴う精神的損害と生活費

野村豊弘：確か指針では、精神的損害の中に、避難したために生活費が増大する分も含まれるという形になっていて、純粋の精神的損害ではないのですよね。これは僕の個人的な見解ですけれども、避難者からすると、純粋の精神的損害としてもらっているのではなくて、生活費そのものがそこに含まれていると考えているのではないか、むしろ生活費の部分を中心に考えているのではないかという気がしています。

中島　肇：確かに、審査会での視察によりますと、避難されている方のほとんどが慰謝料としてもらっている分は生活費になっているという話ですので、実体はそうではないかと思っています。

　髙橋先生、何かございますでしょうか。

5．指針の機能

髙橋　滋：私、民法の専門家ではないので、行政法の見地から、紛争審査会の議論を拝見、拝聴させていただいておりました。指針を作るにあたっては、今回の事故の特殊性を踏まえて、救えるものは思い切って救うという形で指針の中に取り込む形で指針が策定されたのではないかと

思っています。

　そういう意味では、相対（あいたい）でうまく賠償が進んだのは、救済本意で指針を策定したこと、それを東電が受け入れたということも大きいと思います。さらにそれにとどまらず、不満が発生することなく、和解という形で、交渉で物事が解決したという側面もあると私は外から思っています。ただ、一つ、審査会の議論についてちょっと take note しなければいけないと思ったのは、こういう事故についてはまとめてどこかの段階でお支払いする、包括的にお支払いすることが重要である、ということです。

　個別な事情に応じて指針を作ったわけですけれども、ある段階でまとめて、個別に積み上げる形ではなくて、包括的な形である程度ざっくり、ざっくりというのは大盤振る舞いするという意味ではなくて、確実なところについては、将来分もまとめてお支払する方式があれば、ご批判を受けなくて済んだ部分があったのではないかなと思うのです。その部分がこれからの課題ではないかなと思っています。

6．国際条約（管轄の集中等）

中島　肇：管轄の集中というのが条約の一つの目玉になっているようですが、実務家的にみると、例えば日本の原発事故で中国で訴訟を起こされたらどうなったのだろう、そこは条約に加盟している国は少なくとも管轄が集中されますので、皆日本で訴訟を起こさざるを得ない、それは非常にいいことだと、効率的にですね。訴訟の観点で言いますと、JCO事故、たった1件の事故、最後まで残っていた事故は13年かかっていますので、確定までですね。高裁段階で私関与しましたけれども。そういうものも含めて、日本では訴訟に対するアレルギーと言いますか、もっと言いますと、ADR、先ほどご報告があった件数が全部裁判所にきたら、恐らく裁判所の機能が麻痺すると思われますけれども、ADR は日

本的に非常にうまくいっているというふうに思うのですが。

　そこでなんですが、中国はまだ条約に加盟していないとしますと、まだ管轄の集中がない。例えば日本で事故が起きて、放射線、あるいは風にのって中国に被害者が出たと称したとして、中国で訴訟ということは可能なのでしょうか。

野村豊弘：中国の中で被害が生じ、中国のルールで中国に裁判管轄権があるということになれば、それはそういうことになります。また、準拠法についても、中国法が適用されるということであれば、中国のルールで判決がだされるということになります。後は判決を執行するという段階ですが、日本で執行するのなら日本の裁判所が中国の判決をどういうふうに扱うかという問題になるということではないでしょうか。

中島　肇：なるほど。

野村豊弘：それはそうですけど、今は日本で事故が起きたという前提ですけれども、中国で事故が起きたとすると、中国も条約に入っている場合には、日本人も中国に行かないと訴訟ができなくなるので、その両方を考えないと、判断はなかなか難しいのではないでしょうか。

中島　肇：むつかしい問題ですね。

野村豊弘：単純ではありませんね。

中島　肇：そろそろ予定した時間なのですけれど、パネラーの先生方、よろしいでしょうか。何かコメントございませんか。髙橋先生、よろしいでしょうか。

7．除染費用等

髙橋　滋：1点だけ、では、補足いたします。先ほど、野村先生が環境損害と環境回復の話について、原賠では今回の議論ではそこの視点がないのではないかというご指摘をいただきました。参考資料6（P.33）を見ていただければ、論点としては一応取り上げられたと思います。

　私個人の考え方ですが、住友電工グループ社会貢献基金の方で、お金をいただいて、復興の関係の本を出しました。そこに文科省にいらっしゃった長谷さんという方に論文を書いていただいたのですが、CSCに入るときに、国内措置について議論がされました。その中で、除染等を含めた、法律は違いますが損害賠償の枠組みの中で除染の枠組みを作った形となっていますので、環境損害等についての措置は含んでいると理解の下にCSCへの対応はされたという話で法的措置が進行したと理解している、ということのようです。それ以上に積極的に環境損害回復措置をどうするのかというのは、おそらく原賠法17条の関係でこれからいろいろ議論されていくのではないでしょうか。以上です。

8．インドのCSC加入

中島　肇：野村先生よろしいでしょうか。

野村豊弘：先ほど、インドの話がでましたけれども、インドがいろいろ外国から批判されたのは、インドの国内法がCSC条約に合わないのではないかということなのです。そこで、日本について考えると、今確かに損害概念については、条約は項目を列挙しています。それと日本とは実質違いませんよ、ということで、CSC条約に加入して、諸外国からするとちょっとおかしいのではないの、ということはまったく出ていません。したがって、ほとんど問題ないのですが、外から見た分かり易さ

という観点から言うと、条約のような書き方もあるのではないかという問題として僕は考えております。

中島　肇：では、ちょうど予定した時間でございますので、議論も尽きませんが、このあたりで打ち切らせていただきまして、野村先生に全体講評を、よろしいでしょうか。

第5章

全体講評

学習院大学名誉教授
日本エネルギー法研究所理事長

野村豊弘

野村豊弘：全体講評ということなのですけれど、皆さんのご報告に講評するなどおこがましいところがございまして、髙橋先生から行政法学者としての観点からいろいろお話しをいただきまして、いずれももっともという気がしてお話をうかがっていましたし、丸島先生からは東電の賠償の状況とか相談事業、それから ADR センターの話などデータに基づいたお話で、大変よく理解できました。

　私はもともと OECD に出ているわけですけれども、委員会は本来政府が参加しているところなのです。なぜ私が出ているかというと、先ほど申し上げたように、国際原子力法学会というところは、いろいろな横のつながりがあって、当時の OECD の課長から直接私に福島の損害賠償の状況を報告してほしいというのが発端で、それから毎回出るようになっています。また、INLEX のメンバーもしていて、1 年に 2、3 回同じ人たちに会っているというのが今の状況なのです。

　そうすると、自然に外国の状況も入ってくるということです。もちろん、完全ではありませんが。

　本日のような議論の場は、非常に重要であると思います。特にこの原子力の問題は、なかなか広い関心を持たれているのですけれど、日常の議論では、細かな議論のところまではなかなかいっていないように思います。国民的な議論になるということも、理想なのでしょうけれど、実際はそこまでいかないので、多少なりとも知見を広げていくということがこういうシンポジウムの役割ではないかと思います。今後も一層こういう機会があればと考えております。そういう意味で、外国でも日本のことを知ってもらうことが重要であり、日本人として、積極的に情報を提供する義務があるのではないかということで、私自身、これからも、積極的にいろいろなところで話をしてまいります。

　先ほどいろいろ申し上げましたけれども、損害賠償の範囲については、中間指針では、相当因果関係の範囲内で、民法の議論になっています。もともと原子力損害賠償法がそういう形になっていて、定義がありますが、損害賠償の細かなところは民法の規定および解釈論に任されている

ということになっています。これは、日本の損害賠償に関する多くの特別法の構造に従ったものだと思います。

　先ほど中島先生から精神的損害の話がありまして、条約でも精神的な損害について規定がありますと言ったのですが、これも英語のバージョンではそこが economic loss となっていまして、非物質的損害というフランス語と英語の economic loss がイコールなのかについては、すごく僕も疑問に思っております。フランス語を読んでいると当然精神的損害が入るのではないかと思うのですが、条約には曖昧なところもありますので、なかなか難しいところだと思います。

　それはそれとして、日本も条約（CSC）に加盟したのですから、これから、条約との整合性を踏まえて改正の議論が進んでいけばいいのではないかと、個人的には思っているところであります。

　いろいろ最新の状況をお話しいただいたので、出席者にとっても非常に有益であったのではないかということで、講評に変えさせていただければと思います。

　どうもありがとうございました。

第2部

論説

第1章

福島事故とパリ協定の原子力損害賠償制度への影響

桐蔭横浜大学法科大学院客員教授
奈須野　太

1. はじめに

　福島事故以降、原子力損害賠償制度の見直しは大きな課題とされ、政府は原子力委員会の下に原子力損害賠償制度専門部会を設置し、制度の在り方の検討を進めている。こうした中で2020年以降の国際的な地球温暖化対策の枠組みがパリ協定として合意されて、長期目標の実現に向けての電気事業の環境整備の必要性が高まり、非化石電源である原子力発電の位置づけも変化している。

　本稿では、原子力損害賠償法における責任集中原則や無限責任の問題につき立法時の考え方を確認し、福島事故において無限責任と損害賠償措置の隙間を埋めることができた要因を明らかにしていく。その上で、福島事故の教訓を踏まえて原子力事業者の予見可能性を高める方策を検討し、地球温暖化問題に対応する電気事業と原子力産業の将来像の観点からも議論を試みる。

　なお、文中意見に関わる部分は、筆者の所属する組織とは関係がない。

2. パリ協定

　2015年12月にフランス・パリ市で開催された気候変動に関する国際連合枠組条約第21回締約国会議において、京都議定書に代わる2020年以降の国際的な地球温暖化対策の枠組みがパリ協定[1]として合意された。

　パリ協定では、世界全体の平均気温の上昇を産業革命以前よりも摂氏2度高い水準を十分に下回るものに抑えると共に、1.5度高い水準までのものに抑える努力をすることとし[2]、この目標を達成するため、今世

---

[1] 京都議定書やパリ協定は、気候変動に関する国際連合枠組条約の実施のためのものである。パリ協定において協定（agreement）としたのは、同条約の下位にある関係を明確化する趣旨である。
[2] 同パリ協定第2条第1項a号。

紀後半に温室効果ガスの人為的な発生源による排出量と吸収源による除去量との間の均衡を達成するような迅速な削減に取り組むこととしている[3]。

人為的な排出源による排出量の大部分は二酸化炭素であり、石炭、石油、天然ガスといった化石燃料の消費による。吸収源による除去量は排出量に比べて僅少であり、両者の均衡を達成するには発生源、すなわち化石燃料の消費をやめることが必要である。

具体的には家庭、業務、運輸といった民生部門のエネルギー源については石油、ガスやガソリンなどから電気、水素又はバイオマス燃料に置き換えると共に、電源構成については石炭火力発電や天然ガス火力発電から原子力発電又は再生可能エネルギーに置き換えることになる。なお、水素については、天然ガスの改質による方法から水を電気分解する方法に転換することになる。これらによりエネルギーの全般的な電化が進み、電気事業が拡大していくだろう。

再生可能エネルギーは得られるエネルギー量が希薄であり、大規模な森林伐採、耕地化や地形改変を伴うので、環境上の負荷が大きい。また日照時間、天候や地理的条件による制約もあるので、すべての電源を賄う段階にもない。我が国の現行の「エネルギー基本計画」では、福島事故を経験して、原子力発電への依存度を可能な限り低減させるものとしているが[4]、世界全体でみれば地球温暖化対策を進める上で原子力は不

---

3) 同パリ協定第4条第1項。協定正文の仏語版では「人為的な」(anthropiques) は発生源と吸収源の両方にかかっている。人為的な吸収源とは、例えば植林をいう。

4) 現行のエネルギー基本計画第2章「エネルギーの需給に関する施策についての基本的方針」では「原発依存度については、省エネルギー・再生可能エネルギーの導入や火力発電所の効率化などにより、可能な限り低減させる。その方針の下で、我が国の今後のエネルギー制約を踏まえ、安定供給、コスト低減、温暖化対策、安全確保のために必要な技術・人材の維持の観点から、確保していく規模を見極める」とされている。(エネルギー基本計画、平成26年)

可欠の選択肢となっている。
　したがって、パリ協定の長期目標を踏まえれば、電気事業や原子力産業を健全に発展させていくことが我が国及び世界にとって重要である。

3．責任集中原則と無限責任

　原子力損害賠償法では、原子炉の運転等により生じた原子力損害について、その運転等に係る原子力事業者以外の者は、その損害を賠償する責任を負わない[5]。これを「責任集中原則」という。昭和36年の同法制定にあたり同原則が採られたのは、原子力機器や核燃料のサプライヤーが米国を中心としたいくつかの外国企業に限定されていたところ、我が国に原子力発電を導入するにあたり、彼らを損害賠償責任追及から遮断するための制度整備が強く求められたからである。

　これは、元々は第二次世界大戦後の米国において、原子力開発が電力会社等の民間企業に開放された際に、損害賠償責任の履行に必要となる資金支援制度の創設と責任限度額の法定が求められたことに起源があった[6]。責任限度が設けられた下で、資金支援制度として原子炉等を運転するオペレーターの締結する保険契約において事故の責任負担の可能性のあるすべての者を共同被保険者とする引受契約がとられれば[7]、サプライヤーにとっては、オペレーターに責任が集中されたのと同様の経済的効果を持つことになる。これにより保険契約が無用に累積して引受能力の限界に至ることが回避され、引受を最大化することもできた。同原則によるサプライヤー保護は、米国企業が国際展開しようとする段階になって一層重要な意義を持つようになった。

---

5) 原子力損害の賠償に関する法律（昭和36年6月17日法律第147号）第4条第1項。
6) この歴史的経緯は、谷川久「責任集中覚書」（成蹊法学第46号、1998年成蹊大学法学会）115ページ以下によるものである。
7) オムニバス方式という。

また、責任集中原則では、損害賠償請求の相手方が事故を起こしたオペレーターに明確化されるので、請求に当たり加害者側の故意又は過失の立証を要しない「無過失責任原則」と併せて、被災者保護にも資するところがある。

　原子炉等規制法においても、許認可の規制対象者はオペレーターであり、これは発注先に起因するものも含めたリスクを把握し管理する誘因が働く責任集中原則とも合致していた。この仕組みは我が国の原子力事業者が欧米の技術を理解して、能力を蓄積することに寄与してきたはずである。

　一方、責任限度については、米国同様に設けることも議論された。ところが、被災者を一人も泣き寝入りさせない完全賠償を制度設計の根幹とする以上は、国家補償として損害填補のための政府支出が伴うこととなり、これに当時の大蔵省など政府部内での合意が得られなかった[8]。国費の支出も国の債務負担も国会の議決による拘束を受けるので完全賠償は保証できず、被災者の財産権を侵害することになるからと推測される[9]。

　しかし、通常の不法行為責任と同様の責任限度のない「無限責任」の下では、事故を起こしたオペレーターが損害保険等の「損害賠償措置」を超える請求を受けたときに、その資力によっては倒産してしまい、しかも、責任集中原則により被災者は他に資力のありそうな者を選んでかかっていくこともできない不都合が生じる。代わりに不法行為責任や国家賠償責任を利用させるのでは被災者保護に欠ける。かといって損害保

---

8) 例えば、原子力災害補償専門部会答申（昭和34年12月12日原子力委員会）では、損害賠償措置では損害賠償義務を履行しえない場合のものとして提案された国家補償について、大蔵省主計局長石原委員による態度保留が付記された。

9) 当時の内閣法制局の審査資料や原子力委員会議事録からは、憲法上の疑義があるとする指摘のみで、正確な考え方は分からない。国費の支出及び国の債務負担は憲法第85条、財産権の保護は同第29条。

険の引受能力は、海外再保険も利用しながら、原子力以外の様々なリスクを勘案した上で設定されるものなので、原子力事故のすべてのリスクをカバーするのは無理である。

このように無限責任は責任集中原則と不整合があり、損害賠償措置との間で隙間を生じさせてしまうのである。
そこで議論の結果、法律の目的を達成するために必要があると認めるときは、国会の議決により属された権限の範囲内において、政府は原子力事業者が損害を賠償するために必要な援助を行うものとされた[10]。この方法であれば政府は債務を負担せず、国会の議決を受けた援助の措置を講じるのみであり、被災者の財産権を侵害しないから、憲法違反の疑義は生じない。ただし、その発動条件や具体的内容は、法律上規定されていない。

4．仮想の追加的損害賠償措置

このような無限責任と損害賠償措置の隙間は、立法時に想定していたかはともかく結果的には、原子力事業者が九つの地域独占の電力会社及びその出資先の発電会社に限定されることで安定的なキャッシュフローが期待されること、いわば「仮想の追加的な損害賠償措置」により埋められた。国家補償の場合は予算化した上で国会の議決を経る必要があるのに比べ、電力会社の方が柔軟に支払いできるから、むしろこの方が原子力発電所の立地にあたっての地元調整に有利なところもあったという。

福島事故後に創設された原子力損害賠償支援機構[11]のスキームでは、特別資金援助として、いったんは政府から同機構に交付された交付国債

---

10) 原子力損害の賠償に関する法律第16条。
11) 現在は原子力損害賠償・廃炉等支援機構だが、簡単化のため
　　旧名称で統一した。

を償還して現金化し賠償資金を調達させつつ、その後の長期間をかけて事故を起こした原子力事業者から特別負担金を、そして他の事業者から一般負担金を徴収して、同機構が剰余金を国庫に納付することで政府が資金を回収する。

これは電力会社の安定的なキャッシュフローに着眼したものであるから、仮想の追加的な損害賠償措置が現実化されたといえる。

この支援スキームは次の二つの要因に支えられた。その一つは、東京電力が法的整理も廃業も選択せず、支援スキーム創設を条件に自ら完全賠償を担ったことである。

電力会社が発行する社債には優先弁済権が付与されている[12]ことから、仮に東京電力が法的整理を選択していれば賠償債務が大幅に縮減され、政府が予算措置を講じて賠償金を肩代わりしなければならなかったはずである。裁判所が避難費用その他の損害を確定させ債務の全体を把握するには期間を要し、法的整理がいつ完了するかも分からない。

また、東京電力における賠償金の請求、審査、支払い等の事務には最大1万人を超える労働力が投入されていたが、機構・定員や予算執行上の制約の大きい政府がこの膨大な事務を機動的に引き受けることは到底できなかった。実際にも、仮払法[13]に基づく政府による仮払金の支払いは、その体制・能力の欠如からほとんど機能しなかった。

さらに、法的整理や廃業が選択されてしまえば、事故収束や廃炉を誰が担うのかという問題も生じかねなかった。

もう一つの要因は、支援スキームにおいて、他の事業者が限度なしで一般負担金の支払いに応じたことである。たとえ東京電力が特別資金援助をもって賠償債務に係る債務超過を回避できたとしても、もしも一般負担金がなければ、特別資金援助の全額を特別負担金として債務認識せ

---

12) 電気事業法（昭和39年7月11日法律第170号）第27条の30。
13) 平成23年原子力事故による被害に係る緊急措置に関する法律
　　（平成23年8月5日法律第91号）。

ざるを得ず、やはり債務超過に陥ってしまう[14]。特別資金援助と共に一般負担金があるからこそ継続企業の前提が確保され、支援スキームが成立したのである。

ここで通常の企業なら、債務超過に陥った場合は法的整理を選択し、身軽になって再出発を期するものである。その従業員には、それぞれの持ち場を離れ、意に反する苦役から逃れる自由はある。他の電力会社にも、自ら起こしたわけでもない事故の負担を事後的に求められるいわれは本来ない。これらは危機の克服にあたって大きな貢献であったと思う。

5．福島事故の教訓

(1) 予見可能性

ところが、この貢献が相応に扱われたとは言えない。例えば、原子力損害賠償紛争審査会による「指針」の策定[15]において、直接の当事者である東京電力はもちろん、間接的に賠償金の捻出の負担を負う他の事業者の意見が反映される機会はなかった。国際的な専門家集団のネットワークを有し、損害範囲の同定に実務上の知見も有する損害保険会社の参画もなかった。和解仲介の場で医師や不動産鑑定士が関与することも限られた。

こうした中で、従来の考え方に照らせば原子力損害賠償に含めること

---

14) このように、事故を起こした原子力事業者の債務超過リスクは、損害賠償債務によるものと負担金債務によるものと二種類あることに注意を要する。なお、ここでは事故収束費用や廃炉費用にかかるものを考慮しない。

15) 原子力損害賠償紛争審査会の処理すべき事務の一つとして、原子力損害の賠償に関する法律第18条第2項第2号に「原子力損害の賠償に関する紛争について原子力損害の範囲の判定の指針その他の当該紛争の当事者による自主的な解決に資する一般的な指針を定めること」とある。

が困難であった種類の給付や支出が、利害関係者や専門家の関与なくこれに取り入れられたことは、賠償金を巨額なものとすることに一定程度は寄与するところがあったと考えられる。打ち出の小槌を手にして、その場にいない者に負担を回したくなるのは当然である。

急いで付け加えると、利害関係者や専門家を議論の場から除外したことが不当だというものではない。そうではなく、代替的な規律が必要だったのではないかということである。

また、従来の考え方に照らせば原子力損害賠償に含めることが困難であった種類の給付や支出を行うこと自体に必ずしも異論があるというものでもない。そうではなく、これらを原子力損害賠償に含めることは大方の予見を超えるものだったということである。

この教訓を踏まえると、仮に将来、福島事故と同じような事故が発生した場合には、事故を起こした原子力事業者が今度は法的整理や廃業を選択してしまうかも知れない。また他の事業者も、再び上限なき負担に応じてくれると楽観視することはできない。予見可能性とは、単に倒産しなければ済むという話ではないのである。

彼らの協力を引き続き確保するには、例えば、事故を起こした原子力事業者以外の事業者について、その一般負担金に限度を新たに設けることが考えられる。一般負担金はこの限度内で、当該事業者の経理状況を勘案して決める。これについては自ら事故を起こしたわけではなく、被災者への完全賠償には必ずしも影響を与えないから、国民の理解は得られやすいだろう。

それでは事故を起こした原子力事業者はどうだろうか。原子力事業者が有すべき高度の注意義務に照らせば、たとえ自然災害に起因するものであれ、原子力事故には何らかの対策が観念され、人為も介在するだろう。それなのに被災者との関係で責任限度を設けることは、本質的に国民の理解を得られにくいところがある。かといってこのままでは、自ら関与できないところで債務が際限なく膨れ上がることは分かっているか

ら、これを回避するため、特別資金援助を申請せずにあえて法的整理に進み、又は自主的に廃業することは止められないだろう。

　電力自由化により、発電事業者は届出で事業を廃止できるようになった。一発電事業者が事業を廃止しても、他の発電事業者や送配電事業者が存在すれば需要家への電力の安定供給に支障は生じない。しかし、政府にも裁判所にも賠償金支払いの実務能力はなく[16]、国家補償を行う場合でも被災者に対してはやはり事業者を通じて支給せざるを得ない。

　それなのに事業者に逃げられてしまえば、被災者への完全賠償や迅速な賠償金の支払いがただちに困難に陥る。事故収束や廃炉に責任を負う者も不明になってしまう。

(2) 免責要件

　福島事故の初期には免責要件が問題になり、その適用を巡った混乱が対応を遅らせたことも教訓である。

　原子力損害賠償法では、損害が異常に巨大な天災地変又は社会的動乱によって生じたものであるときは、原子力事業者は免責され、国が被災者の救助及び被害の拡大の防止のため必要な措置を講じる[17]。この点、東日本大震災の規模はマグニチュード9.0と関東大震災（同7.9）の30倍を超えているのだから、異常に巨大ではないかというものである。

　しかし、隕石落下のような真に異常で巨大な天災地変[18]でも、外国からの武力攻撃のような社会的動乱でも、原子力事業者に実務能力が残存していれば賠償は履行可能である。事業者の資金面では国からの援助が

---

16) 法律に書き、予算を講じればそのとおりに組織が機能するというのは、現場の実務感とかけ離れている。
17) 原子力損害の賠償に関する法律第3条第1項ただし書及び第17条。
18) 同法第3条第1項ただし書では「異常に巨大な天災地変」とあり、異常が巨大を形容するかのような規定ぶりだが、パリ条約（1960年7月29日原子力分野における第三者責任に関する条約）第9条では「a grave natural disaster of an exceptional character」とあり、異常とは天災地変の性質をいうものである。

ある。それなのに国の措置が被災者の救助や被害の拡大の防止に留まるものと規定されたのは、損害賠償や国家補償が問題にならないほどの極限的な危機を想定したものと読み取れる。

ところが現行の免責要件は、原因の異常や巨大といった外形的性質のみを基準に判断されるかのような誤解を与えている。このため金融機関等の債権者は、免責要件にあたれば自己の債権が保全されるから、債務者たる原子力事業者に対し損害賠償の支払いを差止め、免責を争うよう要求する誘因がある。誤解に基づき被災者を目前に免責を争うのは無益なことである。

6．賠償制度の効率性比較

賠償債務の予見可能性と被災者への完全賠償とを両立させる方法を考えると、例えば、事故を起こした原子力事業者に全額の賠償債務を負わせて、特別資金援助により賠償金の支払いをさせた上で、原子力損害賠償支援機構がその後の事業者の負担金の支払いを一部免除して、剰余金を国庫に納付しない方法があり得る。このことで実質的な責任限度が設けられたことになり、予見可能性が高まるだろう。

負担金の一部免除の設定は、一定額を上限としてこれを超える部分を免除する方法と、損害賠償措置を超える部分につき金額にかかわらず一定割合を免除する方法とが考えられる。巨大事故であっても負担が一定額に留まるという意味での予見可能性と、巨大事故でなくても賠償の峻別に規律が働くという意味での予見可能性のいずれを優先するかである。

いずれにせよ、これにより政府は直接的には債務を負担せず、国費からは賠償金を支出しないから、国会の議決は問題にならない。被災者との関係で事業者の責任限度が設けられるわけではないから、被災者の財産権の侵害にもあたらない。負担金の支払いを免除することで、政府が

実質的に肩代わりするのである[19]。ただし、我が国の財政事情を考えると、その原資はいずれ諸税を通じて回収せざるを得ないから、何らかの国民負担が発生することの当否については議論の余地がある。

そこで比較してみると、現行の支援スキームにより負担金で捻出する場合には、副次的効果として、電気料金の値上げを最小限にするため、事業者の経理において設備投資の先送りや配当の縮減が促されるだろう。他方で新たなスキームにより諸税を通じて回収する場合には、副次的効果として、増税を最小限にするため、政府の予算において他の支出項目の削減が促されるだろう。国民負担としてどちらが少ないかは、予断をもって言えない。

これが事業者の安全投資の縮減や劣化を招くという危惧は、安全投資が想定損失額に発生確率を掛けた期待値と見合う金額以下しかなされないモデルを前提にしている。しかし、福島事故の反省を受けて原子力安全規制制度は抜本的な見直しを経ており、福島事故と同じような事故が再び発生する危険性は相当程度小さいものとなったけれども、だからといって事業者が安全投資を減少させた事実はない。事故による損失額は極大であり、安全投資が採算に見合わなければ廃炉に至るだけのことである。負担がよほど低額でない限り、厳格な安全規制の下で、安全投資に影響を与えないだろう。

---

19) 政府から原子力損害賠償支援機構に対し交付された交付国債を同機構の請求に基づき償還する際には、政府は短期証券を発行する等して資金を市場から調達して同機構に供与する。政府短期証券は国債等に借り換えられることになるが、最終的には同機構からの剰余金を充当すること等により償還する必要がある。

7．電気事業と原子力産業の将来

　原子力開発が民間企業に開放された当時の米国において、損害賠償責任の履行に必要となる資金支援制度の創設と責任限度額の法定が求められ、これに責任集中原則と無過失責任原則を伴って原子力損害賠償制度が世界に普及していったことは、原子力産業が持つリスクの重大さと共に、他の産業とは異なる役割と利益があったことを示している。

　この役割と利益については、冒頭に述べたパリ協定によって、今世紀後半までに人為的排出と吸収を均衡させていくことが国際的に合意されたことも新たな要素である。この目標を実現するには、全世界においてエネルギー需要の全般的な電化を進め、電気事業を発展させていく必要があり、その電源構成についても原子力や再生可能エネルギーの重要性が高まっている。

　福島事故では、損害賠償措置をはるかに超える被害を出しながらも、事業者の協力を得つつ国の援助である支援スキームにより被災者への損害賠償の支払いが実現した。これは東京電力が債務超過に陥ることを回避する意味では成功したが、賠償金が想定をはるかに超えた巨額なものになり、この意味での予見可能性の欠如が明らかになった。また、免責要件の適用を巡る混乱が対応を遅らせた。

　今後はこうした教訓を踏まえ、国際情勢の変化も反映しつつ、適切な原子力損害賠償制度を構想していく必要がある。

　エネルギー需要の全般的な電化に対応して供給力を拡大するには、発電・送電・配電の各部門にわたる大規模な投資に加え、新たなビジネスモデルの導入、参入と退出の新陳代謝、合併と買収の組織再編などが継続的に発生するような市場の活性化が欠かせない。その上で電気事業のみならずサプライヤーも含めて、原子力や再生可能エネルギーへの投資を増加させると共に、温室効果ガスを排出しない新たな発電技術や蓄電技術の研究開発が必要である。

　こうした中で原子力事業者にひとたび事故が起き、予見可能性の乏し

い賠償責任を負うことになれば、株主にとっては配当の増加や株価の上昇は望めないし、債権者にとっても予定どおり債権を回収していくことが不安定になる。事業者がたとえ経営努力により収益を上げても、負担金に充当しなければならないからである。そうなると電気事業への投資は限られ、市場は沈滞したものに留まらざるを得ない。投資なければサプライヤーにおいても人材が流出し、技術力や研究開発力が低下してしまう。

これでも適切かつ迅速な賠償を行うには大きな支障がなく、最低限倒産しないという意味での予見可能性もある。現行の支援スキームでも新たなスキームでも国民負担はあまり変わりがないかも知れない。しかし、電気事業やサプライヤーを含む原子力産業の将来性が限られたものとなることは、我が国に留まらず世界にも影響を与え、今世紀後半までに人為的排出と吸収を均衡させていくパリ協定の目標を達成することの支障になりかねない。

このようにして見ると、福島事故の教訓を原子力損害賠償制度の見直しにどのように取り入れるかは、従来の賠償制度や不法行為法の発想だけでは優劣をつけることはできない。電気事業やサプライヤーを含む原子力産業の将来とその役割をどう見るかという政策判断に踏み込んで検討すべきである。

第2章

原子力損害賠償法の目的序論
―「原子力事業の健全な発達」の意義と事故抑止

桐蔭横浜大学法科大学院客員教授
弁護士
豊永晋輔

はじめに

　原子力損害の賠償に関する法律（以下「原賠法」という。）は、被害者保護と並んで「原子力事業の健全な発達」を目的としている。しかし、「原子力事業の健全な発達」の意義は必ずしも明確ではない。また、制度としての原子力損害賠償の設計を考えたとき、責任集中や無過失責任などの各要素の検討にあたり、原子力損害賠償法の目的を考察することは、制度設計の指針を提供するという意味で重要である。そこで、本稿では、原子炉運転の安全確保（原子力事故の抑止）の法的手段として、核原料物質、核燃料物質及び原子炉の規制に関する法律（以下「炉規法」という。）所定の安全規制などの行政規制と並んで、損害賠償も重要な法的手段であるという観点から、原賠法の目的規定の意義を整理し、事故の抑止の観点から、「原子力事業の健全な発達」の新たな解釈に向けた基礎的検討を行う。原賠法の目的規定の解釈にあたっては、原賠法のみを対象とすべきではなく、炉規法、原子力損害賠償補償契約に関する法律や原子力損害賠償・廃炉等支援機構法その他法律を対象として、原子力損害賠償に係る制度全体の目的を解釈すべきであることに留意が必要である。

　検討の順序は以下のとおりである。まず、原賠法１条所定の目的規定の意義・解釈について確認する（下記Ⅰ）。次に、特に「原子力事業の健全な発達」の解釈に関連して、原子力損害賠償法が、被害者保護と並んで原子炉の運転等の安全確保（原子力事故の抑止）を目的とすべきであることを示す（下記Ⅱ）。さらに、そのような考え方について、不法行為法の目的との関係について検討する（下記Ⅲ）。

I．原子力損害賠償法の目的

1．目的規定の重要性

　ある法制度の目的を論じることは、解釈論との関係では、当該法制度に属する規定の目的論的解釈を展開する際に、その解釈の指針を提供するという意義を有する[1]。

　そして、目的論的解釈においては、各規定は、その規定の目的やその規定が属する法制度の目的を手掛かりとして、それらの目的に適合するような内容に解釈されるべきことになる。

　このような法制度の目的の探求にあたっては、もちろん、目的規定が重要な手掛かりになる。しかしながら、目的規定は抽象的な文言であることが多いため、目的規定の文言の解釈にあたっては、法制度の構造も考慮に入れるべきであると解される[2]。

2．原賠法の目的

　原賠法1条は、「この法律は、原子炉の運転等により原子力損害が生じた場合における損害賠償に関する基本的制度を定め、もつて被害者の保護を図り、及び原子力事業の健全な発達に資することを目的とする。」と規定する。原賠法1条の目的は、原子力損害賠償制度（原子力損害賠償法）の目的を示している。

　この目的規定のうち、「被害者の保護」とは、一般に、原子力事故による被害者に対して、損害賠償によりその被害を回復する（損害填補

---

[1] 田中洋「不法行為法の目的と過失責任の原則」現代不法行為法研究会編『不法行為法の立法的課題』（商事法務、2015年）17頁

[2] 塩野宏「行政法と条文」同『法治主義の諸相』（有斐閣、2001年）32頁以下、同「制定法における目的規定に関する一考察」同『法治主義の諸相』（有斐閣、2001年）44頁以下参照

ことであると理解されている。これに対して、「原子力事業の健全な発達に資すること」という目的については、なお検討の余地がある。そこで、まず、「原子力事業の健全な発達に資すること」に関するこれまでの解釈について確認する。

(1) **賠償負担額予見可能説**

「原子力事業の健全な発達に資すること」とは、不測の事態における巨額の賠償負担に対し、国が積極的に助成することを明確にすることによって、事業者に予測可能性を与え、もって原子力事業の健全な発達を促進することを意味するという見解がある[3]。

この見解の言う「予見」の対象は何か。原子力事業者の賠償負担を問題にしていることからすると、原子力事業者の賠償負担額が予見可能であることを意味する、と読むのが自然である（賠償負担額予見可能説）。

しかしながら、このような見解には以下のような問題があると考える。

第1に、損害賠償額が予見可能であることが原子力損害賠償制度の目的であるのなら、原子力事業者の責任限度額の定めがワンセットとなっている必要がある（有限責任とワンセットになっている必要がある。）。

ところが、原賠法3条1項は、「原子炉の運転等の際、当該原子炉の運転等により原子力損害を与えたときは、当該原子炉の運転等に係る原子力事業者がその損害を賠償する責めに任ずる。」と規定しており、そのほか原賠法には、「原子力事業者の損害賠償責任は、金〇〇円を上限とする。」などの規定は見当たらない。

また、確かに、政府による援助等の規定（原賠法16条など）は存在する。しかしながら、これらの援助の内容等は明らかになっておらず、原子力事業者の賠償負担額の予見可能性を目的としている制度とは言いが

---

[3] 科学技術庁原子力局監修『原子力損害賠償制度 改訂版』（通商産業研究社、1995年）11頁、竹内昭夫「原子力損害補償 原子力損害二法の概要」ジュリスト236号（1961年）29頁。星野英一「原子力災害補償」同『民法論集3巻』（有斐閣、1986年）395頁は「原子力事業の維持」とする。

第2章　原子力損害賠償法の目的序論—「原子力事業の健全な発達」の意義と事故抑止　　*133*

たい。

　さらに、福島第一原発の事故の後、政府による援助の内容として、原子力損害賠償・廃炉等支援機構法が制定されたものの、かえって、原子力事業者の責任を無限責任のまま維持しており、原子力事業者の責任金額を限定していない。この見解は、原賠法制定の過程で、法律案として、原子力事業者の責任を有限責任としていた時期の残滓であると思われる[4]。

　第2に、原子力損害賠償法が、不法行為法の特別法であることは、賠償負担額予見可能説も前提としていると思われる。しかしながら、一般法と特別法の目的が共通であることも多いにもかかわらず、不法行為法の目的として、企業の賠償負担額の予見可能性を挙げる見解は少ない[5]。

　第3に、事故の抑止について、少なくとも原子力損害賠償法の機能の一つとして認めるのであれば、原子力事業者の責任を有限とすることは、事故抑止の機能を弱める。外部費用の一部を適切に内部化しておらず、過剰な活動になるからである。

　ただし、もちろん、制度設計をするにあたり、制度の他の要素とのバランス上、有限責任とすることはありうる。しかしながら、（社会情勢のような曖昧模糊としたものを度外視したとしても）福島第一原発を経験した我が国において、原子力事業者を有限責任とする制度設計は著しく困難である。

　なお、法律学で「予見可能性」と言った場合、通常は、過失責任の内容における「結果の発生を予見可能であったのに予見せず、結果の発生を回避しなかった」ことを意味する。そこでは、賠償負担額ではなく、結果の発生という事実が予見の対象となっている[6]。

---

4) 小柳春一郎『原子力損害賠償制度の成立と展開』（日本評論社、2015年）128頁以下、特に158頁以下参照
5) 例えば、加害者の予見可能性を重視する森島昭夫『不法行為法講義』（有斐閣、1987年）451頁も、少なくとも不法行為法の目的として加害者の予見可能性に言及していない。
6) さらに、予見の対象が賠償負担額ではなく、事故の発生になっている点で、これと似て非なる予見可能性説もある。す

(2) 原子力事業者の倒産回避説

　原子力事業者の倒産を回避するという観点から、「原子力事業の健全な発達」という目的を論じる見解がある。すなわち、損害賠償は、事業者の積極財産の範囲における有限責任ということと実質的に等しい[7]。また、原子力事業者の負うべき損害賠償の額が巨大となり、企業はその支払のために倒産し、被害者は十分な賠償を得られなくなるという事態が生じる恐れがあるという[8]。

　すなわち、この見解は、結局のところ、被害者の保護を目的としているように考えられる。なぜなら、この見解は、原賠法が原子力事業者の倒産を回避することを目的とすると解するのではなく、あくまで、原子力事業者の倒産の結果としての被害者の保護を目的としているからである。

なわち、損害賠償法は、被害者の救済を図る一方で加害者の予測可能性を担保するものであり（森島昭夫「原子力賠償法の提案」21世紀政策研究所『新たな原子力損害賠償制度の構築に向けて　報告書』（21世紀政策研究所、2013年）167頁）、意思決定をするに当たって予見不可能な事態については意思決定の際の判断材料とはしていないのだから、予見不可能な結果に対してまで予め回避すべき義務を負わせるわけにはいかず、市民社会で過失責任が原則となっているのは、意思の自由と裏腹であるという見解がある（森島昭夫「科学技術における不確実性と法の対応」森島昭夫＝塩野宏編『変動する日本社会と法』（有斐閣、2011年）307頁）。しかしながら、原子力損害賠償責任は、過失（予見可能性を出発点とするのが一般的な理解である。）を要件としない無過失責任であって、その限りにおいて加害者の予測可能性を要件とせずに損害賠償請求権が存する。したがって、無過失責任において、「意思決定をするに当たって予見不可能な事態については意思決定の際の判断材料とはしていない」と言えるかについて疑問が残る（過失責任にのみ適用される考え方であると思われる。）。

7) 星野英一「原子力損害賠償に関する二つの条約案（一）―日本法と関連させつつ―」法学協会雑誌79巻79巻1号（1968年）83頁

8) 前掲・星野「原子力災害補償」395頁。同論文は、さらに続けて、原子力事業者は、企業を小さく分割して、一原子炉ごとに別個の会社（筆者注：株式会社など出資者有限責任の会社を前提としている。）とするという手段を講じて危険を分散する、その結果、被害者が受け取る賠償額はますます小さくなる旨述べる。

したがって、原子力事業者の倒産防止は副次的産物であり、依然として、被害者保護と並び立つ「原子力事業の健全な発達」という目的の意義が改めて問い直される必要がある。

このように、「原子力事業の健全な発達に資すること」に関するこれまでの解釈は、いずれも問題点を含んでいると考えられる。

II. 安全確保（事故の抑止）の手段としての原子力損害賠償

ここで、原子力事故を抑止し、原子力安全を確保することが、重要な課題であることは明らかである[9]。そして、「原子力安全の確保」とは、原子力事故の可能性を低下させることと捉える。では、原子力損害賠償法や不法行為法の枠内で考えるのではなく、視野を広げて、原子力安全の確保という目的を達成するための適切な法的手段について、どのように考えるべきか[10]。行政法的な安全規制のみで充分なのか、損害賠償は事故抑止の手段となりうるのか、安全規制と損害賠償の関係はどのようなものかなどが問題となる。

1. 安全確保（事故の抑止）の手段：損害賠償の必要性

原子炉の運転等の代表例として、商業発電用の原子力事業は、国の許可がなければ、開始することができない（炉規法23条1項）。また、その後も、定期的な検査など国が関与する（炉規法29条など）。

---

9) とはいえ、事故をゼロにすることは現実的には不可能であるうえ、リスクゼロが達成可能であると考えることは、安全神話と大差ない。
10) 藤田友敬「サンクションと抑止の法と経済学」ジュリスト1228号（2002年）25頁参照

このように、原子炉の運転等については、行政法的な安全規制を手段として、国による安全確保の仕組みがとられている。それにもかかわらず、なお、損害賠償を手段として、安全確保（事故抑止）を図る必要がある。その理由は以下のとおりである[11]。

　第1に、事故リスクを生じさせる活動について、政府が適切な情報を有する可能性は低い。そのため、政府は、望ましくないとかなりの確信を持って言える行動に規制の対象を限定することによって、この課題に対処しており、規制の対象が過小となる[12]。

　第2に、事故リスクを生じさせる危険な活動の多くについて、政府が情報を有したとしても、実際上、規制は容易ではないため、政府は、一定の活動に限定して安全規制の対象とする傾向がある。すなわち、活動は時々刻々変化するところ、政府は、そのような活動ではなく、装置の設置の有無のような、容易に検査できる事項に規制を集中することによって、行為に基づく介入あるいは阻止の運営費用を節約している。なぜなら、変化する行動を規制することは、効果的で継続的な監視を必要とするからである[13]。

　このように、政府による行政規制だけでは、安全規制の法的手段として不足である。

　ここで、損害賠償制度が、事故の抑止の法的手段となりうることはよく知られている。すなわち、事故が起きた際に損害賠償責任を課すことにより、事業者（加害者）に事故を抑止するインセンティブを与え、事業者の自主的な努力により事故を抑止することができる。

　したがって、行政的な安全規制と、不法行為に基づく損害賠償を、協働させて、安全確保の手段とする必要がある[14]。原子力事業のような、

---

11) スティーブン・シャベル（田中亘＝飯田高訳）『法と経済学』
　（日本経済新聞社、2010年）684頁
12) 前掲・シャベル684頁
13) 前掲・シャベル684頁
14) このほかに、刑罰なども安全確保・事故抑止の手段となりうる。

事故リスクの大きな事業の場合にはなおさらである。そうだとすれば、原子力損害賠償制度の目的を損害填補とのみ捉えるのは妥当ではない。

そこで、次に、「原子力事業の健全な発達」（原賠法1条）が事故の抑止を目的とすると解釈できるかが問題となる。

2．「原子力事業の健全な発達」の意義・解釈

(1) 原子力事業の「健全な」発達

では、「原子力事業の健全な発達」とは何を意味するのか。

この点、賠償負担額予見可能説は、原子力事業の健全な「発達」に重点を置いていたと見ることができる。しかしながら、原賠法は、原子力事業の発達ではなく、原子力事業の「健全な」発達を目的としている。

そして、原子力事業は、施設の機能不全・外来原因の介入などに起因する予定外の操業経過として、操業上の事故による直接的加害が、一定の統計的頻度で生起する特別の危険を内包している[15]。このような特殊な危険を内包する原子力事業の遂行にあたっては、単に原子力事業が発達すればよいのではなく、事故を抑止するシステムを内包した「健全な」事業の発達である必要があり（そのような性質を有しない場合、原子力事業の特殊な危険性に照らすと、社会は、そもそも事業の存在を受け入れられない。）、これが原子力損害賠償制度の目的であると考える。そこで、原子力損害賠償制度の主たる目的を事故の抑止であると考え、「健全」という文言に重きを置く解釈をとるべきであると考える。

すなわち、「原子力事業の健全な発達」とは、原子力事業（原子炉の運転等）の安全を確保しつつ、原子力事業を推進することであり、このように考えることにより、原子力事業を推進しつつ、安全確保、つまり事故の抑止の観点を取り入れることができる。

---

[15] 橋本佳幸『責任法の多元的構造―不作為不法行為・危険責任をめぐって』（有斐閣、2006年）229頁

(2) 被害者保護（損害填補）との関係

　事故の抑止と、原賠法が明記するもう一つの目的である損害の填補との関係を整理すると、原子力事故の発生の前後で区別することができる。まず、事故の後については、損害填補による被害者の保護を目的としていると考える。これに対して、事故の前については、原子力事故の抑止、原子力安全確保を目的としていると考える。

　もっとも、これとは別に、「被害者の保護」の意味として、損害填補と並んで、事故の抑止を目的とすると捉えることも可能であると考える。

　しかしながら、後記のとおり、不法行為法の目的として事故の抑止を取り込む点については、争いがある。そのため、原賠法1条の解釈としては、「原子力事業の健全な発達」という文言について抑止の観点をとりいれるほうが望ましいと考える。

図：損害填補と事故抑止の関係

```
    事故の抑止          損害の填補
     （事前）            （事後）
────────────────▼────────────────
          原子力事故の発生
```

3．「予測可能性の確保」の真意―原子力事業者のリスク回避

　原子力事業者がリスク回避的であるか、リスク中立的であるかという視点で検討すると、「賠償負担額の予測可能性の確保」の真意は、原子力事業者のリスク回避傾向を保護する要請を意味していると考えられる。

　すなわち、一方で、原子力事業の場合、事故発生確率は比較的低いものの、ひとたび事故が発生した場合、賠償負担額が大きいため、原子力事業者は、リスク回避的となっていると見ることができる[16]。そして、（原子力事業のような特殊性はない）通常の事業の場合、事故が起きた

---

[16] 原子力事業者のリスク回避について、豊永晋輔「原子力損害賠償における無過失責任の必然性―原子力損害賠償の経済分析」（本書144頁～）参照

場合の賠償負担額は比較的小さく、事業者はリスク中立的である[17]。

他方で、通常の事業の事故の場合、事業者は責任保険を付することによりリスクを回避するところ、原子力事業の場合、実際上、保険を付することができない。そこで、賠償負担額予見可能説は、原子力事業者のリスクを回避させ、保護するために、原子力損害賠償法の目的を賠償負担額予見可能性であると表現していると考えられる。

すなわち、原子力損害賠償法の目的を原子力事業者の賠償負担額の予測可能性の確保と捉える見解の真意は、原子力事業者のリスク回避の救済、それも原子力事業者の責任限度額の上限を設定することによるリスク回避に対する対応を求めるものであると考える。

この点、原子力事業者の予測可能性の確保が、原子力事業の発展のために重要であることには異論がない。しかしながら、原子力事業者の賠償負担額の予測可能性の確保やリスク回避の救済は、原子力損害賠償制度の中で、原子力措置額の適切な設定や、政府による援助等により達成されることが想定されており、原子力損害賠償法の目的とまでは言えないと考える。結果として、原子力事業者の賠償負担額の予見可能性が高まるよう機能する場合があると捉えればよい[18]。

---

17) 前掲・シャベル684頁
18) 制度目的を論じる際には、法制度の目的と機能との区別に注意を要する。法制度については、①その制度が果たすべきものとされる「目的」と、②その制度が現実に果たす「機能」とを区別して観念することができる。法制度は、一般的には、その「目的」に合致した「機能」を有することが望ましい。しかし、法制度の「目的」と「機能」は必ずしも一致するとは限らない。法制度が、実際には、その「目的」とは異なる「機能」を有する場合や、さらには、その「目的」に相反する「機能」を有する場合も考えられるからである（前掲・田中洋「不法行為法の目的と過失責任の原則」18頁）。法制度が事実として一定の「機能」を果たす場合であっても、それが法制度の「目的」とされるのでない限り、解釈や制度設計の指針とはならない（前掲・田中洋「不法行為法の目的と過失責任の原則」19頁）。

Ⅲ．不法行為法の目的との関係

　原子力損害賠償法は、不法行為法の特別法と言われている。そこで、原子力損害賠償の目的を考えるとき、不法行為法の目的と原子力損害賠償法の目的との関係を整理する必要がある。

　一般に、不法行為法の目的として、①損害の公平な分担、②損害の予防（事故の抑止）、③制裁が挙げられる[19]。

　そして、このうち、①損害の公平な分担が不法行為法の目的であることは争いがなく、③制裁については、目的ではなく機能であると理解されることが多い[20]。②損害の予防（事故の抑止）については、③制裁と併せて理解されることが多いこともあり、不法行為法の目的であることについて争いがないとまでは言えない[21]。

　この点、原子力損害賠償法は、不法行為法と密接に関連するものの、損害賠償措置や原子力損害賠償紛争審査会制度など、不法行為法の特別法ということだけでは捉えきれない特色をもつ。そうだとすれば、原子力損害賠償法の目的を不法行為法の目的と一致させる必要は必ずしもないと考える。また、目的規定を持たない不法行為法（民法709条以下）に対して、原賠法は、「原子力事業の健全な発達に資すること」と目的を明記している。

　したがって、不法行為法の目的とは別個に、原子力損害賠償の目的を解釈するほうが望ましいと考える[22]。そして、前記のとおり、その目的、

---

19) 四宮和夫『不法行為―事務管理・不当利得・不法行為　中・下巻』（青林書院、1983年・1985年）265頁
20) 最判平成9年7月11日民集47巻4号3039頁、森田果＝小塚荘一郎「不法行為法の目的―『損害填補』は主要な制度目的か」NBL874号（2008年）10頁参照
21) 肯定するものとして、前掲・四宮和夫『不法行為―事務管理・不当利得・不法行為　中・下巻』266頁。
22) 被害者の権利救済を上位の目的として、その下に損害の補てんと事故の抑止を置く解釈（潮見佳男『不法行為法Ⅰ（第2版）』（信山社、2009年）49頁脚注75）をとることもできる。

「原子力事業の健全な発達」とは事故の抑止であると考える[23]。

※本稿中、意見にわたる部分は、筆者の所属する組織とは関係がない。

---

[23] 本稿執筆にあたり、キヤノングローバル戦略研究所の支援を受けた。記して謝する。

第3章

原子力損害賠償における無過失責任の必然性
―原子力損害賠償の経済分析

桐蔭横浜大学法科大学院客員教授
弁護士
豊永晋輔

はじめに

　原子力損害賠償制度の特徴の一つとして、原子力事故が発生した場合、原子力事業者は無過失責任を負う点がある（原子力損害の賠償に関する法律（以下「原賠法」という。）3条1項）。その根拠は、被害者に過失の立証は過大な負担であること[1]、被害者の救済の必要性が高いこと[2]などとされてきた。このような根拠に照らすと、原子力事業者の過失の立証が容易であったり、被害者が他の手段で救済を受けたりするといえれば、原子力損害賠償制度において、原子力事業者が過失責任を負う（過失がなければ責任を負わない）という制度設計を行うことも可能であるということになる。

　しかしながら、本稿では、原子力損害賠償制度の設計において、過失責任を選択する余地は小さく、ほとんど論理必然（アプリオリ）に無過失責任が求められることを示す。

　以下の順序で検討する。まず、無過失責任に関する伝統的な法解釈の考え方を確認する（下記Ⅰ）。次に、事故の抑止も原子力損害賠償制度の目的であるという前提の下で[3]、事故法に関する法と経済学の成果を確認し（下記Ⅱ）、その成果を原子力損害賠償に応用する（下記Ⅲ）。最

---

1) 科学技術庁原子力局監修『原子力損害賠償制度　改訂版』（通商産業研究社、1995年）51頁、竹内昭夫「原子力損害補償　原子力損害二法の概要」ジュリスト236号（1961年）29頁、加藤一郎「原子力災害補償立法上の問題点」ジュリスト190号（1959年）14頁
2) 前掲・加藤「原子力災害補償立法上の問題点」14頁
3) 張貞旭「賠償責任ルールと賠償資力の経済分析：原子力損害賠償制度を中心に」財政と公共政策第42号（2007年）73頁、渡辺智之「原子力損害賠償の法と経済学」齊藤誠＝野田博編『非常時対応の社会科学』（有斐閣、2016年）236頁、同「原子力損害賠償と経済学―法と経済学の観点から」別冊NBL：「原子力損害賠償の現状と課題」50号（2015年）38頁。原賠法の目的について、事故の抑止と捉えるものとして、豊永晋輔「原子力損害賠償法の目的序論―「原子力事業の健全な発達」の意義と事故抑止」（本書130頁～）参照。

後に、結論と残された課題について述べる（下記Ⅳ）。

　検討の前に、留意すべき点がある。
　第1に、制度としての原子力損害賠償を検討する際、無過失責任、不可抗力免責、責任集中などの部分(パーツ)のみで検討するのは十分ではない。原賠法1条の「原子力事業の健全な発達」という目的について、被害者の救済に加えて、原子力事業の安全確保＝事故抑止をも含むという観点から、制度全体を検討する視点を失ってはならない。
　第2に、福島第一原発の事故のみを想定して検討することは避けなければならない。原子力事故の態様はさまざまであるからである。もっとも、原子力損害賠償制度を構想するにあたり、過去に起きた事故、すなわち、JCO事故や福島第一原発事故を十分に意識した内容であることも必要である。
　第3に、原子力損害賠償制度の設計にあたり、想定する事故・事態を選択しなければならない場面がある。福島第一原発事故で明らかになったとおり、原子力事故に起因して発生する権利侵害・損害は、その因果経路・態様など、多様であるからである。
　第4に、本稿は、分析にあたり、経済学の手法を用いる。この点に関し、米国における法と経済学による事故法の分析が、米国の不法行為法を想定した議論であることに留意しなければならない。例えば、いわゆる素因減額の可否や寄与過失（contributory negligence）など、日米で異なった制度となっている場合があるため、米国の不法行為法に対する正しい理解がなされているかを意識する必要がある。
　第5に、本稿で用いる経済学の分析手法は万能ではなく、分析に適切な場面と、そうでない場面がある。しかしながら、少なくとも原子力事業者の安全確保に対するインセンティブを検討する場面は、経済分析を用いるのにふさわしい場面と考える[4]。

---

4) 藤田友敬「サンクションと抑止の法と経済学」ジュリスト1228号（2002年）25頁

第6に、以下では、原子力損害賠償において、無過失責任がアプリオリに要請される旨論ずる。もっとも、今後の原子力利用の技術の発展に伴って、過失責任を責任原因とすることで足りるという可能性もある（ただし、現時点ではその可能性は低い。）。

I．伝統的な法解釈

原子力損害賠償が無過失責任であることに関する日本の法解釈（下記1）と、無過失責任に関する米国の法解釈（下記2）を確認する。その上で、主として米国で議論されている矯正的正義の観点からの議論についても述べる（下記3）。

1．日本の法解釈

原子力事業者は、原子炉の運転等により原子力損害を生じさせた場合、当該原子力損害の賠償責任を負う（原賠法3条1項本文）。これに対して、不法行為の一般的規定である民法709条は、「故意又は過失によって他人の権利又は法律上保護される利益を侵害した者は、これによって生じた損害を賠償する責任を負う」と規定している。このように、原賠法に基づく損害賠償責任は、加害者の故意・過失を要件としておらず、無過失責任である[5]。

ここで、「原賠法に基づく損害賠償責任は無過失責任である」という説明では、損害賠償責任の成立要件に故意・過失を含まないことを説明するものに過ぎず、国民の活動の自由を保障する過失要件を問わない積

---

5) 無過失責任を定める立法例として、他に、鉱業法、大気汚染防止法、水質汚濁防止法、船舶油濁損害賠償保障法などがある。また、自動車損害賠償保障法に基づく損害賠償責任は完全な無過失責任ではないが、免責事由が認められることは少なく、ほぼ無過失責任に近い運用がなされている。

極的・実質的な根拠を欠く。そして、そのような積極的・実質的な根拠は、原賠法３条１項に基づく責任が危険責任に基づくことにある[6]。危険責任とは、一般に、「危険な活動や物を支配する者はそこから生じる損害についても負担しなければならない」という法的責任を意味する[7]。

　危険責任の根拠は、技術的施設の操業が「特別の危険」を内包している点にある。「特別の危険」とは、高度の、かつ、完全には制御することができない危険をいう[8]。技術的施設・操業手段・エネルギー源の操業過程においては、施設の機能不全・外来原因の介入などに起因する予定外の操業経過として、操業上の事故による直接的加害が、一定の統計的頻度で生起する（高度の危険）[9]。そして、特別の危険を内包する危険源からは、危険の高度性・制御不可能性ゆえに、注意・行為義務を尽くして過失がないとしても、相当の頻度で操業上の事故が生じてしまう。ここに過失責任を適用する限り、侵害された権利・法益の保護という不法行為制度の目的が空洞化される結果となる。そこで、危険源における特別の危険については、危険源を作出・維持する者が、当該危険源に対する一般的支配をもって、当該危険源に結びついた特別の危険を割り当てられる（一種の保証責任）[10]。

　ここで、原子力発電所の操業は典型的な「特別の危険」に該当する[11]。したがって、日本法の解釈において、原子力損害賠償は、その性質上、危険責任を基礎として、無過失責任とすることが要請される。

---

[6] 前掲・科学技術庁原子力局監修『原子力損害賠償制度　改訂版』51頁、橋本佳幸『責任法の多元的構造―不作為不法行為・危険責任をめぐって』（有斐閣、2006年）223頁

[7] 四宮和夫『不法行為―事務管理・不当利得・不法行為　中・下巻』（青林書院、1983年・1985年）255頁

[8] 橋本佳幸＝大久保邦彦＝小池泰『民法Ⅴ　事務管理・不当利得・不法行為』（有斐閣、2011年）250頁

[9] 前掲・橋本『責任法の多元的構造―不作為不法行為・危険責任をめぐって』229頁

[10] 前掲・橋本ほか251頁、前掲・橋本『責任法の多元的構造―不作為不法行為・危険責任をめぐって』230頁

[11] 前掲・橋本『責任法の多元的構造―不作為不法行為・危険責任をめぐって』167頁

2．米国

米国では、無過失責任（厳格責任；strict liability）について、以下のとおり説明する。

すなわち、ある行為が無過失責任となる正当化として、異常と言えるほど危険な行為なら、そもそも禁止することも考えられる。だが、異常に危険な活動でも、それに見合う社会的効用を有するケースがある。

例えば、ダイナマイトによる工事は異常に危険な活動であるのは確かだが、かといって、ピッケルやシャベルで掘削するのではあまりに非効率である。そこで、そのような活動を禁止はせずに無過失責任を適用し、それらの活動に携わる人たちには、そのためのコストを負担させるのである[12]。

また、第2次リステイトメント§519は、異常に危険な活動に従事する者は、他人の人身、不動産、動産について、当該行為から生じた損害に対し、損害を防止する最大限の注意を払ったとしても、賠償する責任を負うとする[13]。

米国では、原子力損害賠償は、異常に危険な行為（abnormally dangerous activities）であるとして、過失責任（negligence）ではなく、明らかに無過失責任（strict liability）に該当する類型であると解されている[14]。

---

[12] Joseph W. Glannon, The Law of Torts (Aspen, 5th ed., 2015) 326頁、訳は樋口範夫『アメリカ不法行為法（2版）』（弘文堂、2014年）256頁による。

[13] 訳は前掲・樋口『アメリカ不法行為法（2版）』256頁による。

[14] W. Page Keeton, Dan B. Dobbs, Robert E. Keeton, David G. Owen : Prosser and Keeton on the Law of Torts, 5th Edition (St Paul, MN, West Publishing, 1984) 558頁

3．矯正的正義

 主として米国において、矯正的正義を重視する倫理・哲学の立場から、無過失責任と過失責任を対比して、以下のとおり議論されている。

 すなわち、一方で、過失責任については、現代社会が危険を伴う諸活動に依存しているため、多くの危険は、一方（加害者）が他方（被害者）に課したものとみなされるのではなく、むしろ、加害者と被害者が共同して作出されたとみなされる[15]。

 これに対して、無過失責任（結果責任）を根拠づけるためには、加害者が被害者へ一方的に危険を課しているとみなされる必要がある。この場合、危険を管理する者が危険を作出しているということが可能なので、当該活動に関与し被害を惹起したことのみを根拠として責任を課すことができる。また、このような責任は、具体的に払われた注意の視点ではなく、むしろ活動全体の視点から、一方的に課せられた危険に基づく[16]。

 核エネルギーの利用が「一方的に危険を課している」か否かは必ずしも明確ではないものの、「一方的に危険を課している」に該当する場合がありうる。したがって、その場合には、矯正的正義の観点から、危険責任＝無過失責任がふさわしい。

Ⅱ．事故法の経済分析（無過失責任 対 過失責任）

 事故法の経済分析にあたり、社会にとっての目標は、活動に従事する

---

15) Stephen Perry, Responsibility for Outcomes, Risk, and the Law of Torts, in Philosophy and Law of Torts (Gerald J. Postema ed., 2001) 72頁。訳は、平野晋『アメリカ不法行為法―主要概念と学際法理』（中央大学出版会、2006年）299頁を参考にした。
16) 前掲・Perry, Responsibility for Outcomes, Risk, and the Law of Torts 75頁、114頁、訳は、前掲・平野『アメリカ不法行為法―主要概念と学際法理』300頁を参考にした。

ことで加害者が得られる効用から、注意費用と事故による期待損害額の合計を減じたものを最大化することにあると仮定する（社会的費用の最小化・厚生の最大化）。有限で希少な財を有効に活用する必要があるからである。そのような観点から、以下、無過失責任と過失責任のいずれが社会の目標を達成するのに適しているかを分析する。なお、米国法の「strict liability（厳格責任）」と日本法の「無過失責任」の意味は厳密には異なっている。しかしながら、原子力損害賠償を検討するにあたっては、その差は捨象してよいと考える[17]。

まず、当事者がリスク中立的であるという前提で、一方的事故及び双方的事故における最適な注意水準（下記1）及び活動水準（下記2）を検討し、その上で当事者がリスク回避的である場合と保険の影響について検討する（下記3）。

さらに、損害賠償制度の運営費用について検討する（下記4）。

なお、過失責任と無過失責任の経済分析は既に十分になされてきたため[18]、以下、経済学的・数学的分析の過程は省略し、分析結果のみを記す。

---

[17] アメリカ法の Negligence は、加害者に過失があり、かつその場合に限り加害者に責任を認めるのに対して、日本法の過失責任は、故意を含む点で異なっている（民法709条）。また、アメリカ法の厳格責任（Strict Liability）は、いくつかの類型に分けられるものの、いずれも、我が国の分類でいういわゆる原因責任に限定されており、工作物の設置又は保存の瑕疵についての責任など、因果関係以外の要件を必要とするものは除かれている（田中洋「不法行為法の目的と過失責任の原則」現代不法行為法研究会編『不法行為法の立法的課題』（商事法務、2015年）28頁脚注50）。したがって、原子力損害賠償を検討するに当たっては、原子力損害賠償が上記の原因責任であることから、厳密な区分を議論する実益に乏しい。

[18] 前掲・藤田「サンクションと抑止の法と経済学」25頁

1. 事故の注意水準

(1) 一方的事故の注意水準

一方的事故（加害者・被害者のいずれかが、結果の発生可能性又は結果の重大性に影響を与えられるものの、加害者・被害者ともに発生することを望んでいなかった有害な結果をいう[19]。）の場合、無過失責任ルールと過失責任ルールの注意水準を比較すると、以下のとおりである。

無過失責任ルールの下では、加害者は、事故で生じたすべての損害分を支払わなければならず、加害者は自己が負担する総費用を最小化しようとするため、社会にとって最適な注意水準を選択する[20]。これに対して、過失責任ルールの下では、加害者は、自らに過失があるとき（相当の注意に達していなかったとき）に限り、事故による損害の責任を負うため、加害者は社会にとって最適な注意水準を選択する[21]。このように、無過失責任・過失責任は、ともに社会的に最適な注意水準の行動を導く。

しかしながら、以下の点で、無過失責任の方が優れている[22]。

第1に、無過失責任ルールでは、裁判所が判断しなければならないのは、発生した損害の大きさのみであるのに対して、過失責任ルールでは、実際に払われた注意水準、社会にとって最適な「相当な注意」を判定しなければならない（後者は、さまざまな注意水準がどれくらいの費用と効果を生むのかを判定する必要がある[23]。）。

---

19) Steven Shavell, Foundations of Economic Analysis of Law (Harvard University Press, 2004) 1頁、スティーブン・シャベル（田中亘＝飯田高訳）『法と経済学』（日本経済新聞社、2010年）202頁
20) 前掲・Shavell, Foundations of Economic Analysis of Law 6頁
21) 前掲・Shavell, Foundations of Economic Analysis of Law 7頁
22) Steven M. Shavell, "Strict Liability versus Negligence," Journal of Legal Studies 9 (1980): 1頁、前掲・シャベル『法と経済学』206頁
23) アメリカ法では、過失判定にあたり、いわゆるハンド公式（Hand Rule）を用いることを前提としている。

第 2 に、加害者の注意には複数の次元・内容がある（例えば、自動車運転のスピード、バックミラーを見る頻度など）。ここで、無過失責任ルールでは、加害者の目標は、期待費用の合計を最小化することであるから、加害者は、すべての次元で最適な水準を選択するようになる。これに対して、過失責任ルールの場合、「相当の注意」の基準に組み込まれることになり、注意内容の一部については、裁判所はそれらを認定したり（例えば、バックミラーを見る頻度については、裁判所は適切に判定できない。）、適切な行動を判断したりすることが困難である。

(2) 双方的事故の注意水準

　次に、双方的事故（加害者だけではなく、被害者も注意を払うことができ、それによって事故のリスクを減少させることができる事故をいう[24]。）の場合について検討する。

　注意水準については、無過失責任ルールと過失責任ルールを比較すると、以下のとおりである[25]。

　加害者側については、①無過失責任と②過失責任の制度設計上の選択肢があり、被害者側については、①被害者側の事由に基づく減額をしない、②寄与過失（被害者に少しでも落ち度があった場合、全額免責される。）[26]の二つの選択肢がある[27]。

　まず、無過失責任ルールのみの場合は、加害者は最適な注意を払うものの、被害者が注意を払わなくなるため、全体として、最適にはならな

---

[24] 前掲・Shavell, Foundations of Economic Analysis of Law 1頁

[25] 前掲・Shavell, Foundations of Economic Analysis of Law 9頁、前掲・シャベル『法と経済学』207頁

[26] 前掲・Brown 337頁。日本法には寄与過失（contributory negligence）の制度は存在しない。もっとも、日本の過失相殺制度（米国の comparative negligence に近い。）に類似する面もあるため、その議論は参考になる。

[27] このほかに、③過失相殺（被害者の落ち度に応じて、賠償額が減少する。）の選択肢があるものの、寄与過失と同じ結論となるので、検討は省略する。

い。寄与過失の抗弁を認める無過失責任ルールの場合は、加害者・被害者ともに最適な注意を払うため、全体として最適になる[28]。

次に、過失責任ルールのみの場合は、加害者が最適な注意を払えば、（被害者は最適な注意を払わなければ損害を負担することになるので）被害者も最適な注意を払い、結果として全体は最適になる。さらに、寄与過失の抗弁を認める過失責任ルールの場合は、加害者・被害者ともに最適な注意を払うため、全体として、最適になる。

ここで、最適な結果となる三つのルールを比較すると、過失責任ルールの2つのルールについては、裁判所は、（判定には過誤が付きまとうため）加害者の注意水準を判定しなければならない。これに対して、寄与過失の抗弁を認める無過失責任ルールにおいては、裁判所は加害者の注意水準を判定する必要がないものの、被害者の注意水準を判定しなければならない。

2．事故の活動水準

注意水準に加え、活動水準も当事者の行動に影響を及ぼす。

注意水準が、その人が活動に従事しているときに講じる予防措置に関するもの（例えば、カーブで速度を落とすこと）を意味するのに対し、活動水準とは、加害者が特定の活動を行っているか、又は、どのくらい行っているか（例えば自動車を運転する距離）を意味する[29]。

以下、一方的事故と双方的事故に分けて検討する。なお、注意水準と活動水準の関係は、検討の順序として、注意水準が最適なルールを特定し、さらに活動水準の観点から最適なルールを分析することとなる[30]。

28）前掲・Brown 338頁以下
29）前提として、活動水準が倍になると、事故による期待損害額も倍になること、また、活動水準が上昇すると効用も増大することを前提としている（前掲・シャベル『法と経済学』222頁）。
30）前掲・シャベル『法と経済学』224頁、ミッチェル・ポリンスキー（原田博夫＝中島巌訳）『入門　法と経済』（CBS出版、

(1) 一方的事故の活動水準

まず、一方的事故の場合、活動水準の観点からは、無過失責任ルールの方が優れている。

すなわち、活動水準の観点からは、無過失責任ルールでも、過失責任ルールでも、加害者は最適な注意水準を選択する[31]。これに対して、過失責任では、被害者が活動を行いすぎることになる。

(2) 双方的事故の活動水準

双方的事故の場合、以下のとおり、無過失責任ルールと過失責任ルールのいずれが最適な活動水準に導くかは、一義的に決定することはできない。

寄与過失の抗弁を認める無過失責任ルールでは、被害者は、その損害を賠償してもらえるので、過剰に（被害者の効用が相当の注意の費用と期待損害額の合計を上回る場合を超えて）活動を行うことになる[32]。

これに対して、寄与過失の抗弁を認める過失責任ルール、又は寄与過失の抗弁を認めない過失責任ルールでは、加害者の活動は過剰になる。また、被害者は、加害者の行動を所与として行動を選択し、過剰な活動を選択する可能性がある[33]。

3．当事者のリスク回避と保険制度の影響

以上、当事者がリスク中立的であるという前提で検討した。しかしながら、加害者又は被害者はリスク回避的でありうる。

ここで「リスク回避的」とは、純粋に金銭的なリスク（金銭の取り分

1986年）70頁
31) 前掲・Shavell, Foundations of Economic Analysis of Law 224頁、前掲・シャベル『法と経済学』224頁
32) 前掲・シャベル『法と経済学』230頁
33) 前掲・シャベル『法と経済学』231頁

が変動すること）を嫌う態度をいう[34]。

　自分の資産が増加すればするほど、金銭の限界効用が減少する場合、その人はリスク回避的である。なぜなら、そうした人にとっては、ある額の金銭を得たときの効用の増加分よりも、同じ額の金銭を失ったときの効用の減少分が大きいからである。当事者がリスク回避的である場合、責任保険（加害者の場合）又は損害保険（被害者の場合）を付すことにより、リスクを分散し、社会全体として最適な結果を導くことができる[35]。

　以下、①賠償責任制度も保険制度もない場合、②賠償責任制度のみがある場合、③賠償責任制度も保険制度もある場合に分けて検討する。

(1) 賠償責任制度も保険制度もない場合

　賠償責任制度がないため、被害者は加害者から賠償を受けることができないことから、事故のリスクは、被害者が負担することになる。そして、保険制度がなく、さらに、被害者がリスク回避的であることから、社会的に最適にならない[36]。

(2) 賠償責任制度だけがある場合

　賠償責任制度がある場合、賠償責任があるため加害者はリスクを低減させようとするが、リスク配分は無過失責任か過失責任かで異なる。

　まず、無過失責任ルールの場合、加害者がリスク中立的であれば、加害者がリスクを負っても社会的に最適となり問題ない。これに対して、加害者がリスク回避的である場合、加害者がリスクを負担することは社会にとって望ましくない。さらに、加害者は賠償責任を回避するために

---

[34] 前掲・シャベル『法と経済学』294頁。Steven M. Shavell, On Liability and Insurance, 13 Bell Journal of Economics (1982) 120頁参照
[35] 前掲・シャベル『法と経済学』294頁
[36] 前掲・Shavell, On Liability and Insurance 110頁、前掲・シャベル『法と経済学』296頁

過剰な注意を払うようになる可能性がある。加えて、以上の理由から加害者が活動を控え、活動水準が社会にとって望ましくなくなる可能性がある[37]。

これと対比して、過失責任の場合、大きく状況は異なる。すなわち、加害者が相当の注意を払い、裁判所が適切に認定できる限り、加害者がリスクを負担することはない。注意水準も活動水準も社会的に見て最適となる。

しかしながら、被害者は損害を負担することになる。したがって、もし被害者がリスク回避的でかつ保険を用意できなければ、社会的厚生の大きさは最適水準とならない[38]。

(3) 賠償責任制度と保険制度の両方がある場合

無過失責任の場合、被害者は法制度によって暗黙のうちに保険を付せられているので、リスクを負うことなく、加害者がリスクを負うことになる。したがって、加害者が責任保険によりリスクを分散でき、社会的に見て最適となる[39]。

過失責任ルールの下では、加害者は、責任保険に加入できるとしても相当の注意を払うから、社会的に見て最適なものとなる。また、加害者が相当の注意を払うことを受けて、被害者は損害のリスクを負担し、リスク回避的な被害者は損害保険に加入することにより、社会的に見て最適なものとなる[40]。

以上から、リスク回避的な当事者の存在を前提とすると、損害賠償制度と保険制度の両方が存在する場合、無過失責任であっても、過失責任であっても、社会的に見て最適なものとなる。

---

37) 前掲・シャベル『法と経済学』296頁
38) 前掲・シャベル『法と経済学』296頁
39) さらに、責任保険の保険者が注意水準を観察できるか、そうでないかの場合が分けられるが、結果として社会的に最適となる（前掲・シャベル298頁）。
40) 前掲・シャベル『法と経済学』301頁

4．運営費用

　損害賠償制度では、運営費用、すなわち、事故が生じたときに関係者が負担する裁判上の支出その他の支出が必要である。このような費用も、社会全体の効用の最大化の観点から考慮に入れる必要がある。

　運営費用の点から、無過失責任ルールと過失責任ルールを比較すると、一方で、損害賠償請求の総数は過失責任ルールより無過失責任ルールの方が多い。無過失責任では、被害者が過失を証明しなくてよいため、損害額が手続費用を上回れば常に請求を行うのが合理的であるためである。

　他方で、過失責任ルールの場合、訴訟にまで至る紛争の余地が大きいため、損害賠償請求1件あたりの運営費用は過失責任の方が高い。

　したがって、運営費用の観点からは、無過失責任ルールと過失責任ルールの優位性は、アプリオリには決まらない。

Ⅲ．原子力損害賠償の経済分析

　次に、上記Ⅱで検討した、事故法（過失責任　対　無過失責任）に関する経済分析を原子力損害賠償に応用する。

　まず、原子力損害賠償制度の想定する事故（原子力事故）が「一方的事故」「双方的事故」のいずれに分類されるのかを検討する（下記1）。その上で、①注意水準、②活動水準、③当事者がリスク回避的である場合のそれぞれについて、無過失責任と過失責任のいずれが優れているかを分析する（下記2から4まで）。さらに、原子力損害賠償における運営費用について検討する（下記5）。

1. 原子力事故の性質決定

まず、原子力事故が発生した場合に被害者が受ける被害のうち、どの部分が「事故」に該当するかを検討する。

(1) 何が「事故」か—損害軽減との関係

当事者、特に被害者の行動のうち、被害に影響するのは、事故前の行動と、事故後の行動に区別される。

ここで、事故法の経済分析は、当事者の行動に伴う「事故」の発生と、被害者の損害軽減の機会を区別する。すなわち、事故についての検討とは別に、事故に伴う社会的総費用（これは損害軽減のための費用も含む。）の最小化を社会の目標として、損害軽減の費用がそれによって軽減された損害分を下回る場合に被害者が軽減行動をとると社会的に望ましい結果となるとする[41]。

つまり、「事故」と「損害」の二つのレベルで当事者（第2のレベルでは被害者のみ）の行動と結果との関係を検討している。一方で、前記のとおり、「事故」とは、加害者・被害者のいずれかが、結果の発生可能性又は結果の重大性に影響を与えられるものの、加害者・被害者ともに発生することを望んでいなかった有害な結果をいう。他方で、損害軽減の文脈では、事故発生後の被害者に生じる財産の減少を問題としている。

そうだとすれば、「事故」とは日本法でいう権利侵害を意味し、損害軽減で語られる「損害」とは日本法でいう損害発生を意味すると考えられる（いわゆる因果関係2個説を前提としている。）。

(2) 「一方的」事故・「双方的」事故の意義

前記のとおり、一方的事故とは、加害者が行う注意や予防だけが事故

---

41) 前掲・シャベル『法と経済学』284頁

のリスクに影響し、被害者の行動は、事故のリスクに影響しない場合をいう。例えば、飛行機が建造物に衝突する場合、水道管が破裂して地下室が浸水する場合である。これに対して、双方的事故とは、加害者だけではなく、被害者も注意を払うことができ、それによって事故のリスクを減少させることができる場合をいう。例えば、車道を歩く歩行者と自動車運転者が衝突して、歩行者が受傷する場合などである。

このような観点から分析すると、以下のとおり、原子力損害賠償において、一方的事故のみならず、双方的事故もありうることが分かる。

(3) 一方的事故の例

一方的事故の例として、生命・身体に対する侵害、例えば、ある者が、放射線の作用により外部被曝し、受傷した場合や、ある者が、原子力事故に伴う避難指示等により、生活の本拠を退去させられた場合などがある。

このように、原子力事故に起因する権利侵害の多くは、一方的事故に該当すると思われる。

(4) 双方的事故の例

次に、双方的事故の例として、生命・身体に対する侵害のうち、特殊な場合（例えば、被害者が療養を怠っていたため、疾病の発生の可能性が高まった場合など）と、（一定期間経過後の）風評被害が挙げられると考える。

生命・身体に対する侵害の場合、被害者に過失相殺事由がある場合と、そうでない場合（いわゆる素因減額[42]）がありうる。そして、過失相殺が適用される場合はもちろん、素因減額に関するいわゆる領域責任説[43]

---

42) 最判昭和63年４月21日民集42巻４号243頁、最判平成４年６月25日民集46巻４号400頁など

43) 橋本佳幸「過失相殺法理の構造と射程（二）」法学論叢137巻４号（1995年）24頁、同「過失相殺法理の構造と射程（四）」法学論叢137巻６号（1995年）20頁

からは、後者についても、被害者の過失的要素がない場合もありうる（いわば被害者側の無過失責任）。

また、事故から十分な時間が経過した風評被害は、被害者である事業者にとってコントロール可能である場合があり、その場合には双方的事故に該当すると考えられる。

(5) 検討のスタンス

このように、原子力事故から発生する事故＝権利侵害は、一方的事故の場合と、双方的事故の場合の両方に分類されうる。そこで、それらの分類に基づく結論が分かれる場合（例えば、一方的事故では無過失責任が優れているが、双方的事故では過失責任ルールが優れている場合）、どのように考えるべきか。

この点、制度設計にあたり、以下のような順序で検討すべきであると考える。

まず、一方的事故と双方的事故で想定される事例がそれぞれありうるのかを確定する。この点については、前記で検討したとおり、原子力事故により侵害される権利・利益の種別の観点からは、原子力損害賠償制度は、一方的事故も双方的事故も想定される。

次に、一方的事故と双方的事故で、無過失責任ルールと過失責任ルールの優位性を比較し、同一の結論が出るかを確認し、それが同一であれば、そのルールを採用する。

最後に、そのような結論が同一でない場合には、一方的事故の結論を優先して採用すべきであると考える。なぜなら、第1に、生命・身体に対する侵害のうち、多くの場合、避難指示に伴う生活の平穏に対する侵害など、一方的事故に該当する事故の方が重大であるからである。また、第2に、風評被害は、必ずしも「法律上保護に値する」とは言い難い面がある。さらに、第3に、双方的事故としての生命・身体に対する侵害が発生したとして、被害者に素因等があるとは限らないため、素因等がある場合を必須の考慮とすることは不合理であるからである。

(6) 最安価回避者について

なお、これに関連して、最安価回避者という考え方がある。すなわち、法の経済分析の中には、例えば、加害者は費用10で損害100を回避可能であり、被害者は費用20で損害100を回避可能である場合、加害者だけが予防策を講じるべきとするものがある[44]。しかしながら、この考え方は、加害者と被害者のいずれかが注意をすれば事故のリスクが消滅するという状況でのみ適用可能であり、したがって、双方的事故の場合、最安価回避者のモデルは誤解を招きやすい。注意を払うべき唯一の最安価回避者は存在しないからである[45]。

2．注意水準

(1) 一方的事故

前記のとおり、注意水準の観点からは、無過失責任ルールの方が優れている。

したがって、原子力損害賠償においても無過失責任を採用すべきことになる。

(2) 双方的事故

前記のとおり、寄与過失の抗弁を認める無過失責任と、（寄与過失の有無を問わず）過失責任ルールでは、優劣をつけ難い。

(3) 若干の検討

ここで、前記1(5)の検討スタンスに従えば、双方的事故の場合、無過失責任と過失責任の優劣はつけられず、同一の結論が得られない。そこで、一方的事故の場合の分析結果を用いるべきである。

---

44) グイド・カラブレイジ（小林秀文訳）『事故の費用―法と経済学による分析』（信山社、1993年）155頁
45) 前掲・シャベル『法と経済学』217頁

したがって、注意水準の観点からは、無過失責任を採用すべきである。

3．活動水準

(1) 一方的事故

前記のとおり、活動水準の観点から、無過失責任の方が優れている。
したがって、原子力損害賠償においても無過失責任を採用すべきことになる。

(2) 双方的事故

前記のとおり、活動水準の観点からは、無過失責任ルール、過失責任ルールともに決定的な優位にはない。

(3) 若干の検討

無過失責任ルールでは、無過失責任ルール寄与過失の場合は、被害者が活動を行いすぎるという短所が、過失責任ルールの加害者が活動を行いすぎるという短所ほどに重要でなければ、より高い社会的厚生を導く。すなわち、被害者の活動水準よりも加害者の活動水準をコントロールすることが社会にとって重要であれば、無過失責任ルールの方が大きな社会的厚生をもたらす[46]。

これを原子力損害賠償についてみると、被害者の活動は、国民として平穏に生活することや、平穏に営業活動を行うことなどである。これに対して、加害者の活動は、核エネルギーを用いて発電等を行うことである。そうだとすれば、被害者よりも加害者の活動水準をコントロールすることが社会にとって重要なのは明らかである。

したがって、双方的事故の場合には、無過失責任と過失責任の優劣はつけられないとしても、活動水準の観点からは、無過失責任を採用すべ

---

46) 前掲・シャベル『法と経済学』231頁

4．リスク回避と保険の観点

次に、リスク回避と保険の観点から検討する。すなわち、原子力事業者はリスク中立的であるかリスク回避的であるかという点を検討した上で、加害者と被害者のリスク回避の度合いを比較する。結論として、原子力事業者がリスク回避的であっても、被害者よりもリスク回避の度合いが大きいということは想定されず、被害者のリスク回避が優先される。

(1) 原子力事業者はリスク回避的か

まず、原子力事業者がリスク回避的であるかという点を検討する。

この点、一般に、リスク回避が大きく影響するのは、ある人の資産に照らして損失が大きく、その人の効用がかなり打撃を受けるような状況である。重大な事故の場合は、資産に比して大きな損害をもたらす可能性が高いので、このような事故に関しては、自然人たる個人はリスク回避的であると通常考えられる[47]。これに対して、資産額の割に損害がさほど大きくなければ、リスク中立的な態度を示す。また、多くの事故について、企業はリスク中立的であると考えられる[48]。

さらには、企業を所有している株主が同時に様々な企業の株主になっていると、企業をリスク中立的なものとして扱うことができる。株主が十分に株式を分散させていれば、ある特定の企業が負うリスクを株主は気にかけないからである[49]。

ここで、原子力事業者の典型的な例として商業用原子炉を運転する者

---

47) 前掲・シャベル『法と経済学』295頁
48) 多くの被害者に同時に影響を及ぼすようなリスクに企業が直面している場合、企業にとってのリスクは大きいため、企業はリスク回避的になると考えた方が良いかもしれない。前掲・シャベル『法と経済学』295頁脚注3
49) 前掲・シャベル『法と経済学』295頁注3

を想定すると、原子力事業者は、経理的基礎を有している（炉規法43条の3の6）。また、我が国では、商業用原子炉の運転する原子力事業者は、実際上、株式を公開、上場しており、その株主は投資を分散している。そうだとすれば、原子力事業者はリスク中立的であるといえるとも思われる[50]。

しかしながら、原子力事故の規模は甚大・広範になりうるので、原子力事故の規模によっては、原子力事業者がリスク回避的になる可能性がある。

したがって、原子力事業者がリスク回避的である余地を否定しきれないと考える。

(2) 被害者のリスク回避

また、被害者がリスク回避的である場合がある。

確かに、原子力施設の近隣（例えば、避難等対象区域）で大規模な事業を行う事業者など、リスク中立的と思われる者もある。しかしながら、制度設計にあたり前提とすべき大多数の被害者は、JCO事故や福島第一原発事故でそうであったように、一般住民や比較的小規模の事業者である。

(3) 加害者と被害者の両方がリスク回避的である場合

加害者と被害者の両方がリスク回避的である場合どう考えるか。

この点、被害者が加害者よりもリスク回避的であるとき、無過失責任の方が相対的に好ましい。逆に、加害者が被害者よりもリスク回避的であるときは過失責任の方が相対的に好ましい[51]。

---

[50] これに対して、原賠法が想定する原子力事業者には小規模な事業者も多数あり、それらの者についてはリスク回避的と見ることもできる。もっとも、後述の検討により、被害者との比較において、原子力事業者の方がリスク回避的と言えることはないであろう。

[51] 前掲・シャベル『法と経済学』297頁

第3章　原子力損害賠償における無過失責任の必然性―原子力損害賠償の経済分析　　*165*

　ここで、原子力損害賠償についてみると、原子力事業者は、一般に、被害者よりも多くの資産を有しており、被害者の方がリスク回避的であると考える。例えば、純資産10兆円の電気事業者が10兆円の損害賠償債務を負うのと、原子力発電所の周辺住民が、避難指示により生活の本拠から退去させられ、また、その所有する住宅土地の価値を失うこととを比較すると、被害者たる周辺住民の方がリスク回避的である。そうだとすれば、被害者の方が、リスク回避的であるとみるべきである。
　したがって、被害者が加害者よりもリスク回避的であり、無過失責任の方が相対的に好ましい。

5．原子力損害賠償における運営費用

　事故法一般の場合と同様、原子力損害賠償についても、運営費用の観点から、無過失責任ルールと過失責任ルールの優劣は、アプリオリには決まらない。すなわち、原子力損害賠償の請求の総数は過失責任ルールより無過失責任ルールの方が多い。これに対して、請求1件あたりの運営費用は過失責任の方が高い。
　もっとも、原賠法は、運営費用を削減する仕組みを用意している。第1に、紛争審査会が策定する「一般的な指針」（原賠法18条1項）は、多数の紛争を迅速に解決するために設けられており、実際にそのような機能を果たしている。また、第2に、紛争審査会は、いわゆるADRにより原子力損害賠償に関する紛争の和解仲介を行っており、訴訟に至る紛争の件数を減らしている。一般に、裁判手続きよりもADR手続きの方が、手続費用が低廉であることを前提とすると、運営費用を削減している。
　もっとも、事故法の経済分析は、（交通事故訴訟のように）多数の事故が発生し、それぞれの請求事件ごとに過失認定の費用が発生することを前提としている。これに対し、原子力損害賠償の場合、1回の原子力事故についての過失が問題となり、ひとたび過失の有無について判断す

れば足り、それほど多額の運営にならない可能性があるという特徴がある[52]。

6. 小括

以上を要するに、注意水準の観点から、無過失責任の方が優れている。活動水準の観点からは、一義的な優位性はないものの、保護される利益の比較の観点から検討すると、無過失責任の方が優れている。リスク回避と保険の観点からみると、原子力事故の場合、被害者・加害者ともにリスク回避的であるところ、被害者のリスク回避の程度の方が大きいため、無過失責任の方が優れている。運営費用の優位性は、一義的に明確にならない。

したがって、一方的事故を主たる対象とする限り、原子力損害賠償については、法政策の判断として、過失責任ルールを選択する余地は乏しく、無過失責任が適している。

IV. 結論と今後の課題[53]

このように、原子力損害賠償制度において、過失責任を選択する余地は小さく、ほとんどアプリオリに無過失責任が求められる。

まず、日米いずれの法解釈においても、原子力損害賠償は、その性質上、無過失責任の類型に該当する。原子力事故が一方的であるとすると、矯正的正義を重視する倫理・哲学の立場からも、無過失責任が要請され

---

52) さらに議論は反転しうる。というのは、不可抗力免責（原賠法3条1項ただし書き）が争点となる場合、裁判所は、過失判断と大差のない質と量の判断を求められることになるからである。

53) 本稿執筆にあたり、キヤノングローバル戦略研究所の支援を受けた。記して謝する。

る。次に、原子力損害賠償の検討対象として一方的事故を措定すると、経済分析によれば、過失責任ではなく無過失責任が社会的に最適となる。

今後の課題は以下のとおりである。

まず、損害賠償措置に関し、原子力事故による被害について、原子力事業者の付保は、一部保険にとどまる。本稿では、福島第一原発事故の被害額に照らして損害賠償措置額が著しく低額であったことから、この状態を無保険と評価して分析を行った。今後は、事故抑止の観点から、望ましい損害賠償措置の額（保険金額）の検討が必要であろう。

また、原子力損害賠償の運営費用について、原子力損害賠償紛争審査会による指針策定により、実際に低減されたのか、実証研究などが望まれる。

さらに、原子力事故のリスク、特に発生確率について、実際の数値を用いることをしなかった。今後は、実際の確率を用いる必要があり、例えばPRA（Probabilistic Risk Assessment）の手法によるリスク分析についても検討対象とする必要があろう。

加えて、原子力損害賠償・廃炉等支援機構による東京電力支援スキームは、電気事業を行う原子力事業者による損害賠償金の積み立て、相互扶助の仕組みである。このような仕組みが、過失責任／無過失責任ルールの選択や事故抑止のインセンティブに対して、どのような影響を与えるかを検討する必要がある。

※本稿中、意見にわたる部分は、筆者の所属する組織とは関係がない。

原子力損害賠償法改正の動向と課題

2017年5月9日　第1版第1刷発行

編　集	桐蔭横浜大学法科大学院 原子力損害と公共政策 研　究　セ　ン　タ　ー
発行者	箕　浦　文　夫
発行所	株式会社 大成出版社

〒156-0042
東京都世田谷区羽根木1－7－11
電話 03（3321）4131（代）
http://www.taisei-shuppan.co.jp/

©2017 桐蔭横浜大学法科大学院　　　　　印刷 信教印刷
　　　原子力損害と公共政策研究センター
　　　　　　落丁・乱丁はおとりかえいたします。

ISBN978-4-8028-3279-3